ISBN - 978-1-4716-2418-6
Madrid, enero de 2012
Editorial Lulu

RECONOCIMIENTO DE OBJETOS MEDIANTE REDES NEURONALES

Antonio Pastor Cuevas

ÍNDICE

Capítulo 1.

1.1-Introducción.

En el mundo actual, lo que antes pertenecía al campo de la ciencia ficción, hoy día es habitual, cajeros automáticos, fabricas automatizadas, pero algunos de los temas tratados por esta aun están fuera de nuestro alcance, como son los androides, son muchos los avances obtenidos en este campo, pero todavía distan del objetivo final. Uno de los grandes problemas se plantea con la visión y sobre como interpretar esos datos de entrada de forma que sea posible una correcta separación e identificación de los elementos que la componen. Diferencias cromáticas, de brillo o contraste, así como poder determinar cuales son las características que nos ayudan a comprender e interpretar lo que vemos forman un campo de la investigación muy activo y desconocido. Estudios de neurólogos, filósofos, matemáticos, e ingenieros empiezan a desvelar un poco de luz sobre el misterio que es el cerebro.

El tema sobre el que trata este texto es el reconocimiento de objetos, a partir de una imagen real, estática, y sobre un fondo definido, realizar el tratamiento digital necesario para poder segmentarla en las distintas partes que la componen (objetos existentes), y posteriormente memorizarlos dentro de una red neuronal.

La ilustración 1.1 contiene un esquema del sistema que se pretende crear, éste consta de seis módulos cuyas funciones se detallan a continuación.

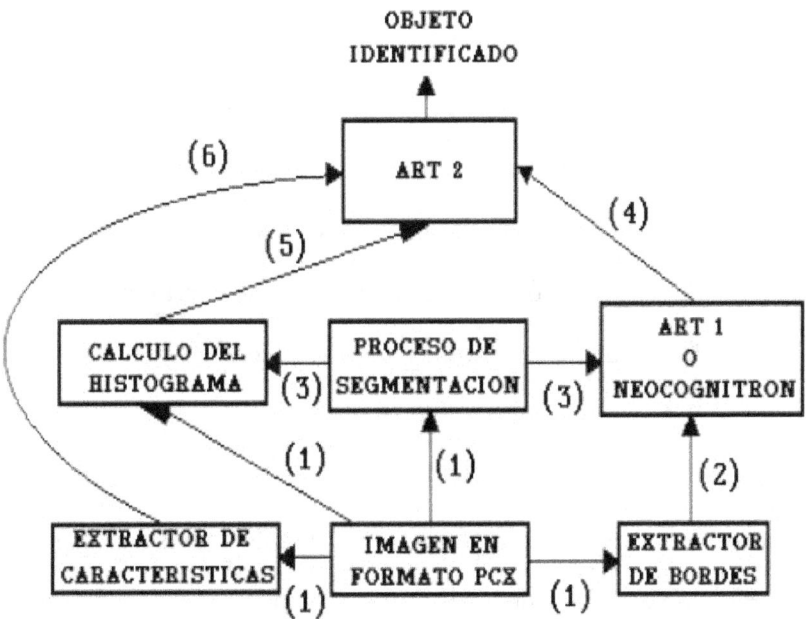

(1) - IMAGEN EN FORMATO PCX

(2) - IMAGEN CON LOS BORDES DE LOS OBJETOS

(3) - LISTA CON LAS COORDENADAS DE LOS OBJETOS

(4) - CATEGORIA DE RESPUESTA DEL ART1

(5) - HISTOGRAMA DEL OBJETO

(6) - OTRAS CARACTERISTICAS (ENTORNO, RUGOSIDAD, ETC)

Ilustr. 1.1 Estructura del proyecto y datos que entregan como salida.

Módulo 1. Extracción de bordes, a partir de una imagen, formalizada a formato PCX 320x200, y mediante alguno de los métodos existentes, obtendrá otra imagen en la cual tan solo aparezcan los bordes de los objetos.

Módulo 2. Proceso de segmentación, tomando como entrada la imagen en formato PCX deberá poder hallar el numero de objetos existentes así como las coordenadas necesarias para realizar un rectángulo que englobe a cada elemento y extraer desde las mismas esa porción de la imagen para tratarla individualmente, siendo la salida de esta en el formato dado por la función *getimage()* del TurboC.

Módulo 3. ART1 ó NEOCOGNITRON: se elegirá una de estas dos redes neuronales, su misión consistirá en memorizar y establecer las categorías necesarias para las formas de los objetos hallados, sus entradas son las coordenadas entregadas por el modulo 2, y la imagen que contiene los bordes.

Módulo 4. Calculo del histograma, hallará el histograma de los colores de las distintas porciones de la imagen que contengan objetos. Como entrada tendrá, además de la imagen en PCX, la misma lista de coordenadas que utiliza el modulo 3.

Módulo 5. Extractor de características, su misión consistirá en extraer diferentes características, hasta ahora no usadas, y entregárselas al modulo 6.

Módulo 6. ART2, teniendo como entrada un vector formado por las salidas de los módulos 3,4 y 5, las memorizara estableciendo las correspondientes características y será capaz de reconocerlas cuando se presenten de nuevo a la entrada.

1.2-Estructura del texto.

El texto esta dividido en cinco capítulos y dos apéndices, el primero lo constituye esta introducción. El capítulo segundo versa sobre el tratamiento digital aplicable a las imágenes, los distintos mecanismos y métodos existentes.

El capítulo tercero engloba toda la parte referente a las redes neuronales, este a su vez puede desglosarse en tres subcapítulos, conceptos sobre redes neuronales, *adaptative resonance theory* (ART), y el NEOCOGNITRON.

Por su parte el capítulo cuarto trata sobre la implementación, forma en la que se realizo, opciones que se descartaron, resultados obtenidos y futuras ampliaciones o modificaciones ya probadas pero no instaladas.

El capítulo quinto, continen la descripción de aplicación, su funcionamiento, explicado por módulos, ficheros que se usan con sus descripciones, distribución de funciones y consistencia del sistema ante caidas.

El apéndice continene los diagramas de flujo de datos de la aplicación.

1.3-Nomenclatura.

Las imágenes están numeradas en función del capitulo en el que se encuentran y de su orden consecutivo. Así la ilustración 2.13 indica una imagen que está en el capítulo 2. Para la numeración de las ecuaciones el sistema es [ECU-3.13] donde 3.13 cumple la misma función que la descrita para las ilustraciones. Las citas están referenciadas usando las cuatro primeras letras del autor, o de uno de los autores del escrito, indicando también el año de publicación, y, en caso de existir más de un trabajo en el mismo año se le añadirá un carácter alfabético, de esta forma [GROS87b] indica Grossberg segunda publicación del año 1987. La terminología matemática es la usual, y en caso de existir algún signo o grupo de signos atípicos se explicará su significado allí donde aparezcan.

1.4-Descripción abstracta del sistema.

El procesamiento de imagenes digitales engloba un amplio campo de acción, diversos tipos de elementos físicos y lógicos son necesarios para el tratamiento completo de imagenes. La figura 1.2 muestra un esquema de los elementos fisicos esenciales, en los cuales podemos observar tres grandes areas de trabajo, la de adquisición de la imagen, con los escaner y las camaras como principales herramientas, el area del procesado, donde los ordenadores son el elemento vital, existiendo incluso computadoras especializadas en el tratamiento de imagenes, y finalmente el visionado de estas, si bien la pantalla del ordenador se puede usar para esta tarea, motivado por la

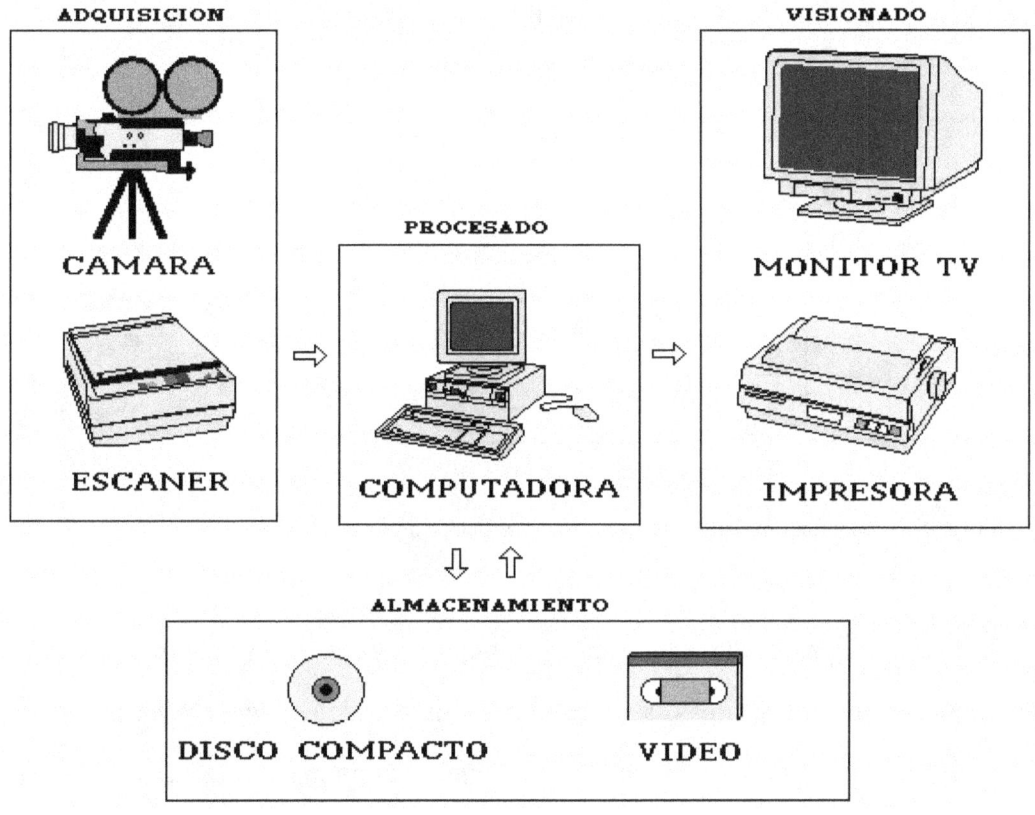

Ilustr. 1.2-Principales elementos físicos necesarios para el procesado de imagenes.

alta calidad de los trabajos, lo mas usual es que se usen monitores especiales con una mayor resolución, aunque ultimamente es cada vez mas normal el encontrar estaciones con grandes resoluciones gráficas, siendo la impresora otro elemento donde plasmar los resultados obtenidos. Finalmente el almacenamiento es el último campo en el cual los videos y actualmente tambien los discos compactos (Compact-Disc) son los más usados.

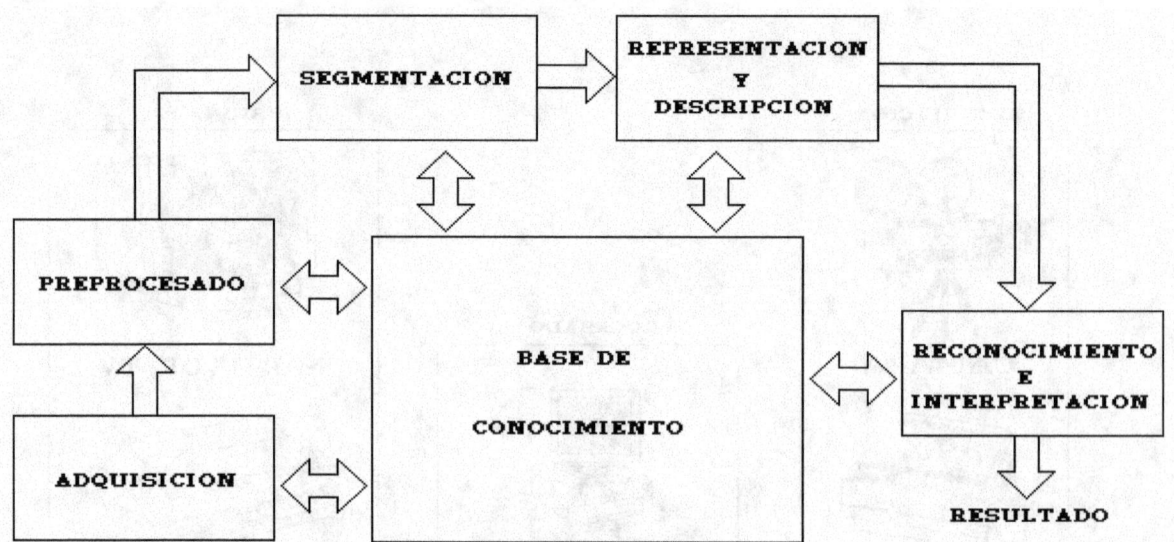

Ilustr. 1.3 - Pasos fundamentales en la tarea del procesado de imagenes.

La parte del procesado, desde nuestro punto de vista, es la más importante. Se puede desglosar en varias tareas, siendo cada módulo independiente del resto en las funciones lógicas que realice, la figura 1.3 contiene un esquema con la subdivisión más usual.

El bloque llamado adquisición se ha incluido para mantener la cohexión del sistema, ya que su principal componente es hardware.

El preprocesado se encarga de realizar una tratamiento previo sobre la imagen para eliminar posibles defectos que tuviera, como pueden ser el ruido, retocar el contraste, restaurar si es posible porciones de la imagen en mal estado, y otros.

El proceso de segmentación tiene como misión el conseguir que a partir de una escena compleja, es decir con numerosos objetos que pueden hallarse superpuestos unos con otros, extraer todos los elementos unitarios que contenga. Es una de las tareas más difíciles del procesado de imagenes, ya que el poder discernir los limites de un objeto contra un fondo aleatorio es muy complicado, y conviene tener en cuenta que podemos encontrarnos con que parte de un objeto quede tapado por otro, aumentado asi el grado de dificultad, la ilustración 1.4 muestra un ejemplo de este problema, se pueden

Ilustr. 1.4 - Ejemplo de imagen con objetos superpuestos

ver un ordenador, una impresora y la caja de un programa, esta última ha quedado ligeramente tapada por el ordenador, lo que para nosotros es una tarea sencilla, el recomponer la parte que falta e interpretarlo como una caja, para la computadora se conviene en una compleja tarea.

Al proceso de representación y descripción la entrada que le suele llegar esta compuesta de un conjunto de pixel que forman la porción de la imagen donde se detecto un elemento unitario, este proceso debe de trabajar con esta imagen de cara a obtener una serie de datos que se puedan usar para describir el objeto, como pueden ser la forma, el color, el esqueleto, la textura, etcetera. En suma debe de extraer de la imagen toda la información precisa que identifique la naturaleza del objeto en tratamiento.

El último proceso es el de reconocimiento e interpretación, reconocimiento tiene como tarea a partir de los datos entregados por el módulo previo, establecer las categorías de elementos necesarias para diferenciar y agrupar todos las clases de objetos que puedan aparecer en la entrada, y la interpretación consiste en darle un significado al elemento/s que puedan verse en la entrada, siguiendo con el ejemplo de la figura 1.4, el reconocimiento se encargaría de ser capaz de identificar los elementos de la imagen, hay un ordenador, una impresora y una caja, mientras que interpretación seria quien daría un significado a la escena global, en el ejemplo, es un anuncio de venta de ordenadores.

La función de la base de conocimiento es la de almacenar cualquier dato que pueda ser requerido por alguno de los módulos, podría subdividirse en subbases teniendo en cuenta que procesos acceden a cada una, pero esto ya dependería de la implementación concreta que se haga, inicialmente todos los procesos pueden acceder a el, aunque normalmente no todos lo hagan, así nos encontramos con que el escaner no suele hacerlo, a no ser que posea OCR para el reconocimiento e interpretación de texto.

1.5-Formato PCX.

Cuando las prestaciones gráficas de los ordenadores mejoraron permitiendo la realización de dibujos una de las primeras herramientas que se hecho en falta fue la ausencia de un formato de fichero para almacenarlos, estos formatos se pueden dividir en dos tipos: el formato raster (raster format), y el formato vectorial (vector format).

EL formato raster se compone de una serie de valores, o pixel, que representan numéricamente la imagen contenida. Estos valores se hallan ordenados siguiendo el barrido que hace el haz de electrones en el monitor para dibujarlos.

El formato vectorial usa el concepto de segmentos para almacenar gráficos, una imagen vectorial se almacena en función de sus contornos, con los segmentos que los unen.

Las ventajas del formato raster son: es más sencillo visionar las imágenes en formato raster ya que su diseño emula el funcionamiento de los dispositivos usados para esta tarea y es más rápido leer o escribir datos al no necesitar de un preprocesado que nos de los datos de salida, ya que se almacena lo que se lee de la pantalla. PCX es del tipo raster.

Este tipo de formato para ficheros gráficos fue uno de los primeros que apareció para el mundo de los ordenadores personales, fue diseñado por necesidad y la amplitud de su uso lo ha llevado ser un estandar por defecto. Seguidamente se exponen los campos que contienen las dos cabeceras, principal y auxiliar, su significado y algunos valores usados.

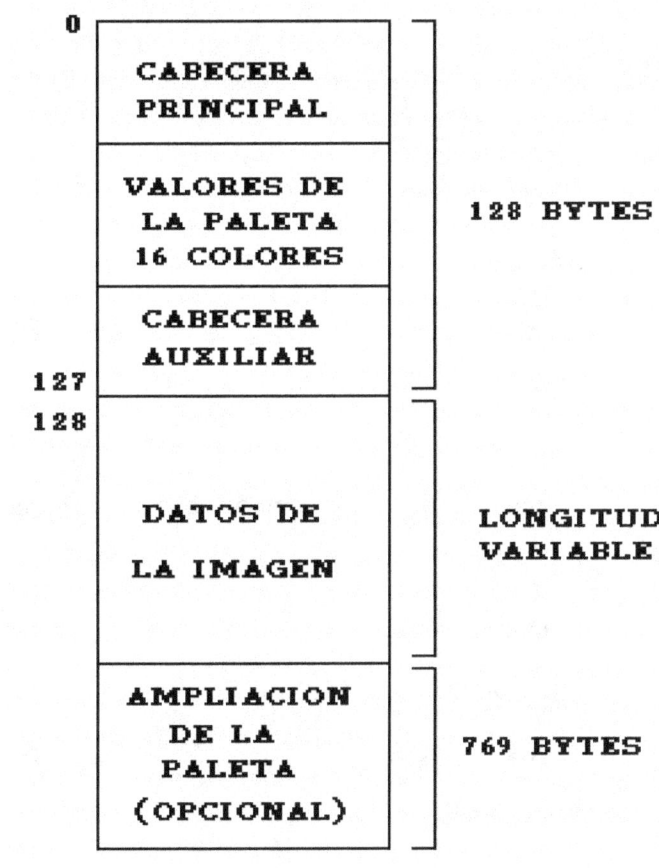

* Significado de los campos de la cabecera principal.

Header...marca que identifica el fichero como PCX

Version..0 = version 2.5

....2 = 2.8 with palette info

....3 = no palette info 2.8 or 3.0

....5 = 3.0 with palette info

Encode..Modo de codificaión

BitPerPix...Bits por pixel

X1 ....Dimensiones de la imagen

Y1

X2

Y2

Hres..Resolución horizontal

Vres..Resolución vertical

* Significado de los campos de la cabecera auxiliar.

Vmode..Ignorado. Debe ser siempre cero

NumOfPlanes...Numero de bits por plano

BytesPerLine...Bytes por linea en la imagen

unused[60]...Sin usar, rellena hasta los 128 bytes de la

cabecera

Los datos contenidos en las cabeceras representan toda la información necesaria para poder trabajar con ellos, el gran problema que surge con este tipo de ficheros es precisamente su origen, al haber sido establecido un estandar "de facto", algunos fabricantes de software usaban algunos de estos campos para funciones propias, pero incluso se daba casos en los que estas cabeceras se ignoraban completamente con el convencimiento de que todas las imágenes etiquetadas como PCX eran escritas siguiendo las normas, afortunadamente estos problemas se han subsanado al establecerse definitivamente como un estandar en el mundo de la informática.

Capítulo 2.

Tratamiento digital de la imagen.

2.1-Introducción.

El ámbito del tratamiento digital de una imagen incluye todo aquel proceso, ya sea físico o lógico, que se aplique a una imagen. La necesidad de este tipo de procesado viene dada por la imposibilidad de tratar con imágenes puras (se entiende por puras aquellas imágenes que han sido introducidas al ordenador por cualquier medio electrónico pero que no hayan recibido ningún tratamiento computacional) lo cual obliga a realizar un preprocesado de éstas para así trabajar computacionalmente con ellas. Esta tarea constituye un ancho campo de acción, que abarca desde su adquisición, preprocesado, segmentación, descripción y reconocimiento, implicando *hardware* (aparatos para la adquisición de imágenes), *software* (desarrollo de métodos para extracción de bordes), y los desarrollos puramente teóricos (el desarrollo de la transformada de Fourier y sus estudios paralelos). En este capítulo se explicará aquella parte de teoría aplicable a la segmentación, descripción y preprocesado, incluyendo la descripción de algunos conceptos básicos (distancia entre dos puntos, conectividad) que posteriormente servirán de herramientas para métodos más complejos. Se describirán algunos tipos de transformaciones de imágenes, calculo de histogramas, y métodos para el cálculo de los bordes y del esqueleto de una figura.

2.1.1-Distancia.

La distancia existente entre dos puntos es un concepto que nos permite establecer una primera relación matemática entre ellos, cuya utilidad quedará justificada con posterioridad, constituir un proceso matemático básico. Sea un punto P(Px,Py) y un punto Q(Qx,Qy). Para obtener un valor que nos indique cuál es la separación existente entre ellos tenemos tres posibles definiciones de distancia: la distancia euclídea, la distancia de magnitud y la distancia máxima en valor.

Distancia euclídea es aquella que toma como valor el del modulo de un vector que una estos dos puntos, y que se halla mediante la ecuación 2.1.

$$D(P,Q) = \sqrt{(Px-Qx)^2 - (Py-Qy)^2} \qquad [ECU-2.1]$$

Distancia de magnitud (Magnitud distance): esta distancia toma como valor la diferencia entre coordenadas tomadas en valor absoluto siguiendo la ecuación 2.2.

$$Dm = |Px-Qx| + |Py-Qy| \qquad [ECU-2.2]$$

Distancia máxima en valor (Maximal value distance): expresa en su resultado la máxima distancia entre los dos, siguiendo para ello los ejes de coordenadas. Esta distancia y la euclídea coincidirán cuando se cumpla una de estas dos condiciones, $P_x = Q_x$ o $P_y = Q_y$, y se calcula mediante la ecuación 2.3.

$$Dx = MAX(|Px-Qx|, |Py-Qy|) \qquad [ECU-2.3]$$

Estos tres tipos de distancias cumplen las siguientes propiedades.

$$D(P,Q) \geq 0$$

$$D(P,Q) = D(Q,P)$$

$$D(P,Q) + D(Q,R) \geq D(P,R)$$

2.1.2-Vecindad de un pixel.

La vecindad de un pixel está formada por el conjunto de todos los puntos que se encuentren a una determinada distancia de él. Tenemos un pixel P de coordenadas (X,Y). Se conoce por Vecindad $N_8(P)$ de un pixel al conjunto de los puntos Qi cuya distancia euclídea respecto de P sea la unidad, siendo por tanto los 8 puntos que rodean al punto elegido P, mientras que vecindad $N_4(P)$ es el conjunto formado por aquellos pixel cuya distancia de magnitud con P sea uno, esto engloba a los cuatro pixel que forman una cruz cuyo centro sea P.

2.1.3-Conectividad.

La conectividad entre puntos es un importante concepto usado en la delimitación de bordes en las imágenes como se vera mas adelante. Dos puntos P y Q están 8-conectados si Q está en $N_8(P)$ o si P está en $N_8(Q)$ mientras que dos puntos P y Q estarán 4-conectados cuando Q esté en $N_4(P)$ o P esté en $N_4(Q)$.

2.2-Transformación de imágenes.

La transformación de imágenes es un paso previo y necesario para poder realizar cualquier tipo de tratamiento computacional posterior sobre ellas. La imagen normal ó "cruda" tiene una serie de características que hacen necesario un preprocesado. Las diferencias de brillo y contraste pueden hacer que dos imágenes idénticas en su estructura (la foto de una habitación) aparezcan como distintas. Tambien es necesario para poder establecer los limites de un objeto dentro de una imagen, una tarea tan "sencilla" para nosotros se puede complicar excesivamente, en un fondo blanco es muy sencillo para un ordenador poder delimitar sus bordes, sin embargo en la fotografia de un bar, hallar y extraer un vaso que esta sobre la barra, excluyendo los posibles cambios de brillo y contraste, se complica muy notoriamente debido a objetos cercanos o superpuestos.

Las transformaciones de imágenes de dos dimensiones ha encontrado principalmente tres aplicaciones: para extraer elementos aislados de una imagen compuesta (identificar una silla en la foto de la habitación), para poder minimizar el ancho de banda necesario para transmitir imágenes y su tercer uso es reducir las dimensiones de la imagen, por ejemplo de dos dimensiones a sólo una, que favorezca un posterior tratamiento computacional.

2.2.1-Transformada de Fourier.

Sea f(x) una función continua en el campo de los numeros reales, su transformada de Fourier F(u) es la mostrada en la ecuación 2.4.

$$F(u) = \int_{-\infty}^{\infty} f(x)\exp(-j2\Pi u x)\,dx \qquad [ECU-2.4]$$

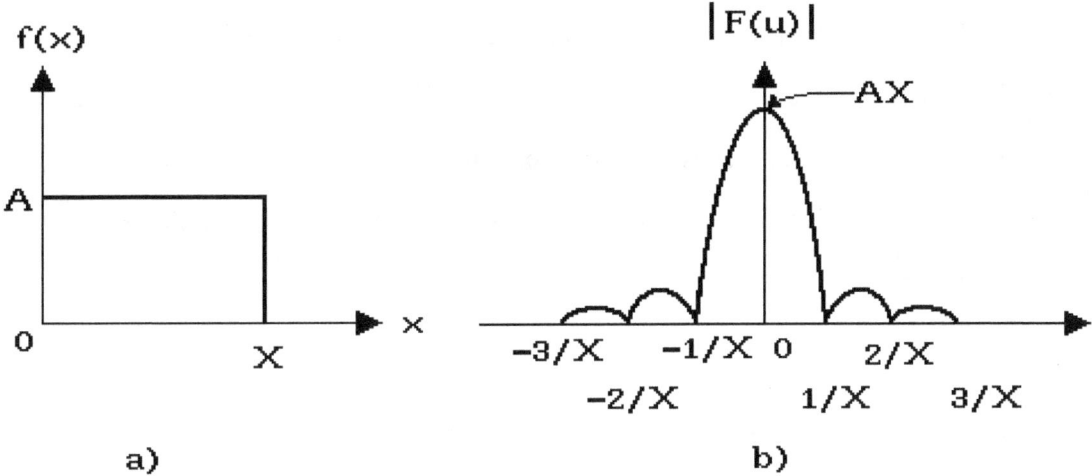

Ilustr. 2.1 -Función f(x) mostrada en a) y en b) su espectro de Fourier

Donde $j = \sqrt{-1}$, es una función bidireccional, ya que f(x) se puede obtener a través de la inversa de la transformada de Fourier y mediante la aplicación de la ecuación 2.5.

$$f(x) = \int_{-\infty}^{\infty} F(u)\exp(j2\Pi ux)\,du \qquad [ECU\text{-}2.5]$$

Estas ecuaciones conocidas como el par de Fourier existen sólo si f(x) es continua e integrable, y si F(u) es integrable. En la práctica estas condiciones se satisfacen casi siempre: f(x) es una función, como ya se dijo, con existencia en el campo de los números reales, pero su transformada F(u) suele ser compleja. Así F(u) se puede expresar como:

$$F(u) = R(u) + jI(u) \qquad [ECU\text{-}2.6]$$

Donde R(u) es la parte real e I(u) es la parte compleja de F(u) respectivamente. Expresado exponencialmente queda.

$$F(u) = \left| F(u) \right| e^{j\varphi(u)} \qquad [ECU\text{-}2.7]$$

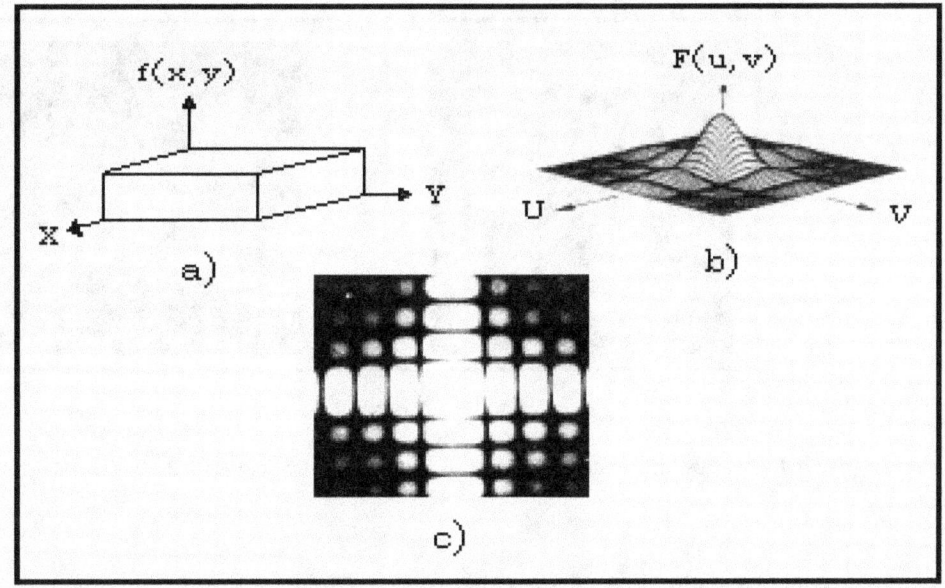

Ilustr. 2.2 -En a) se muestra una función de 2 variables, en b) su espectro de Fourier y en c) este mismo espectro mostrado en una imagen como intensidad de luz.

Siendo:

$$\left| F(u) \right| = (R^2(u) + I^2(u))^{\frac{1}{2}}$$

$$\varphi(u) = \tan^{-1} \frac{I(u)}{R(u)} \qquad [ECU-2.8]$$

La función $\left| F(u) \right|$ es conocida como el espectro de Fourier de f(x) (Fourier spectrum of f(x)) y $\varphi(u)$ ángulo de fase, en la ilustración 2.1 muestra una función de una variable y el resultado al aplicarle el espectro de Fourier.

Ilustr. 2.3- Imagen de una chica y su transformada de Fourier.

La transformada de Fourier puede extenderse fácilmente a una función de dos variables f(x,y), si esta es continua e integrable y F(u,v) es integrable, tenemos que el par de Fourier esta formado por las dos ecuaciones siguientes.

$$F(u,v) = \int_{-\infty}^{\infty} \int_{-\infty}^{\infty} f(x,y) \exp[-j2\pi(ux+vy)]\, dx\, dy \qquad [ECU-2.9]$$

$$f(x,y) = \int_{-\infty}^{\infty} \int_{-\infty}^{\infty} F(u,v) \exp[j2\pi(ux+vy)]\, du\, dv \qquad [ECU-2.10]$$

Siendo el espectro de Fourier y el ángulo de fase el mostrado en la ecuación 2.11.

$$|F(u,v)| = (R^2(u,v) + I^2(u,v))^{\frac{1}{2}}$$

$$\varphi(u,v) = \tan^{-1} \frac{I(u,v)}{R(u,v)} \qquad [ECU-2.11]$$

La ilustración 2.2 es un ejemplo de la aplicación de la transformada a una función de dos variables, viéndose el espectro generado por ésta como una función dimensional y como intensidad de brillo en una imagen. Cuando nosotros necesitamos aplicar la transformada de

Fourier, lo normal es no encontrarse con funciones continuas, por ello se usa la transformada discreta de Fourier, quedando el par de Fourier como se ve en las ecuaciones 2.12 y 2.13.

$$F(u,v) = \frac{1}{N} \sum_{j=0}^{N-1} \sum_{k=0}^{N-1} f(j,k) \exp\left[\frac{-2\pi}{N}(uj+vk)\right] \qquad [ECU-2.12]$$

$$f(j,k) = \frac{1}{N} \sum_{j=0}^{N-1} \sum_{k=0}^{N-1} F(u,v) \exp\left[\frac{2\pi}{N}(uj+vk)\right] \qquad [ECU-2.13]$$

La ilustración 2.3 contiene un ejemplo, la imagen de una cara y a su derecha se muestra el resultado al aplicarle la transformada discreta de Fourier.

2.2.2-Transformada de Hartley.

La transformada de Hartley fue propuesta por Bracewell como opción sustitutiva de la transformada de Fourier. Su nombre se debe a la integral introducida por Hartley en 1942, esta transformada está definida por las dos siguientes ecuaciones.

$$F(u,v) = \frac{1}{N} \sum_{j=0}^{N-1} \sum_{k=0}^{N-1} f(j,k) \, cas\left[\frac{2\pi}{N}(uj+vk)\right] \qquad [ECU-2.14]$$

$$f(j,k) = \frac{1}{N} \sum_{j=0}^{N-1} \sum_{k=0}^{N-1} F(u,v) \, cas\left[\frac{2\pi}{N}(uj+vk)\right] \qquad [ECU-2.15]$$

Donde cas(α)=cos(α)+sen(α). Esta transformada es equivalente, aunque no matemáticamente, a la transformada discreta de Fourier. La elección entre la transformada de Fourier y ésta depende sobre todo del uso que de ella se vaya a hacer, ya que, para según ciertas tareas, una será más eficaz que la otra.

2.3-Histogramas.

Un histograma es un gráfico que muestra la distribución existente de los valores de intensidad de los pixel, ya sea de color o de tonos de gris, de una imagen o de una porción de ella. Un histograma típico es un gráfico de dos ejes en el cual el eje Y muestra el número de ocurrencias de un valor y el eje X muestra los distintos valores posibles que la imagen puede contener.

En imágenes lo normal es que el conjunto de valores esté formado por los tonos de gris con un numero de 16, 64 o 256 valores. En la figura 2.4 se muestra un ejemplo de cómo es un histograma, tiene los posibles elementos (distintos valores de entrada) en el eje X, y las ocurrencias de estos en el eje Y, en este caso 256 tonos, en la figura 2.6 tenemos varias imágenes y superpuestos sobre ellas los histogramas que han generado.

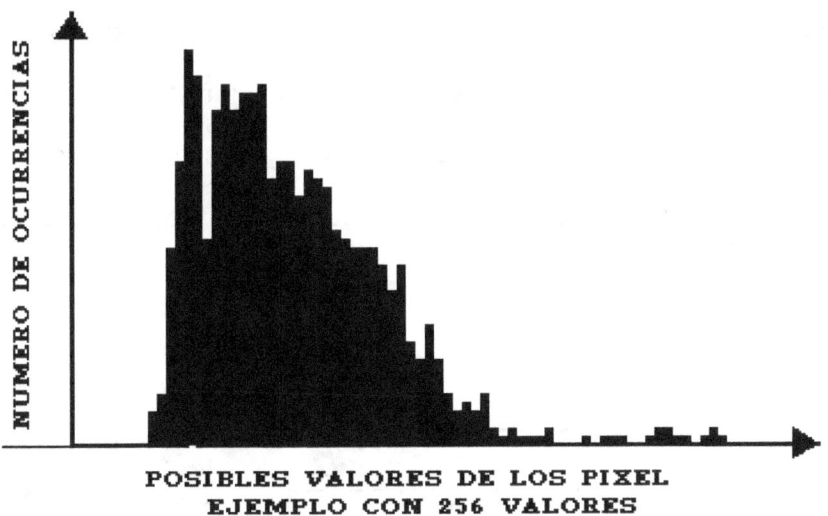

Ilustr. 2.4 -Forma de un histograma, en un eje se representan los posibles valores, y en el otro el numero de ocurrencias de ese valor.

Los histogramas, además de darnos una fiel imagen del cromatismo que posee la figura, son una potente herramienta para retocar imágenes. En el caso de que éstas sean de tonos grises, el histograma nos da una representación del contraste que éstas poseen, siendo posible, al aplicar una función de transformación, el poder cambiar esa disposi-

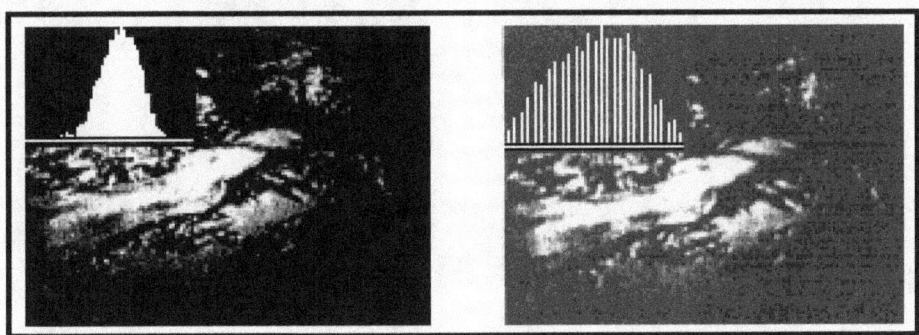

Ilustr. 2.5 -La imagen de la izquierda ha sido adquirida con bajo nivel de contraste, y a la derecha la misma imagen con el contraste ampliado.

ción, ampliando o disminuyendo, según la imagen lo requiera, el contraste o el brillo que tenga. En la ilustración 2.5 tenemos que la imagen de la izquierda (imagen obtenida vía escaner) tiene un contraste muy pobre, al actuar sobre ella el resultado conseguido es el reflejado en la imagen de la derecha, en la que el contraste se ha ampliado. En la ecuación 2.16 tiene una de las funciones existentes para alterar el contraste, la función del error gausiano (Gaussian error function) donde a es la desviación estandar de la distribución gausiana [GONZ92].

$$G(u,v)=\frac{erf\left(\dfrac{F(u,v)-0,5}{a\sqrt{2}}\right)+\dfrac{0,5}{a\sqrt{2}}}{erf\left(\dfrac{0,5}{a\sqrt{2}}\right)} \qquad [ECU-2.16]$$

Siendo.

$$erf(x)=\frac{2}{\sqrt{\Pi}}\int_{0}^{x}\exp(-y^{2})dy \qquad [ECU-2.17]$$

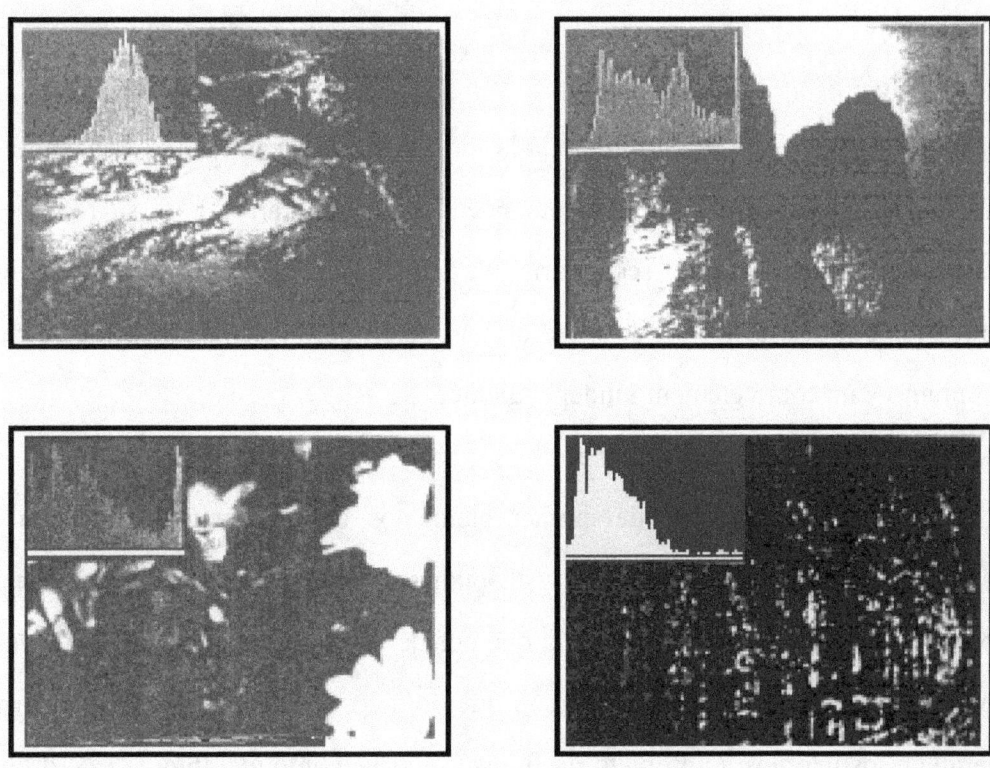

Ilustr. 2.6 -Ejemplos de histogramas de distintas imágenes.

2.4-Calculo de los bordes de una imagen.

El poder delimitar cuáles son los bordes de una imagen es el primer paso para poder determinar su naturaleza, para los seres vivos el contemplar una imagen compuesta por muchos elementos no es problema, ya que al determinar los bordes que los separan, podemos conocer donde se encuentra un objeto, su posición espacial, y establecer una primera hipótesis sobre su naturaleza, y por tanto, eliminar mucha información que es inútil para la identificación de un elemento aislado, un objeto visto en la distancia con forma de silla lo será hasta que comprobemos su realidad física, y por tanto conozcamos otras caracteristicas que corroboren la primera deducción o la nieguen.

Realmente no se elimina toda la información sobrante en la imagen, el entorno en el cual se encuentre un elemento puede ser significativo para su reconocimiento, aunque esta diferencia sea secundaria, un amplificador de sonido aislado se reconoce, mientras que si esta formando parte de un equipo de música se identificara dentro del conjunto y no como elemento independiente.

Este problema, el de extraer elementos de una imagen compleja, es mas complicado de lo que a primera vista pudiera parecer, cuando en una computadora pasamos un filtro a una imagen para que nos de como salida otra que contenga solo los bordes hallados, nos encontramos con que no solo se hallan los bordes externos, sino también los internos a un objeto, la figura 2.8 sirve como ejemplo de esta dificultad, la escena es una calle, para determinar donde hay una casa podemos usar sus bordes externos, sus limites físicos con otras casas, pero nos encontramos con la existencia de una gran cantidad de bordes internos generados por la presencia de ventanas, puertas y otros, en parte esta dificultad viene motivada por la forma de definir que es borde, usualmente se define como borde la línea, recta o quebrada, la cual sea límite entre dos distintos colores, asignando a cada color de la paleta con que se trate un valor numérico, el cual sera usado para los cálculos matemáticos, no pudiendo ser esta asignación aleatoria, sino que cuanto mas proximos sean dos valores mas similares seran los colores a los que representen.

El primer paso para la realización de un reconocedor ha de ser el hallar todos los bordes posibles que existan en la imagen de entrada para, posteriormente, identificar el numero de objetos existentes y sus características. Existen muchos métodos para conseguir este fin, aquí se explicaran el algoritmo de Sobel y el método basado en el operador de Laplace.

2.4.1-Algoritmo de Sobel.

Este algoritmo es uno de los mas eficaces a la hora de extraer los bordes en una imagen, pero con el defecto de verse afectado por la posición espacial y de requerir un alto coste (

Ilustr. **2.7**-Matriz formada por los vecinos a un punto marcado con 4.

calculo, asi no podemos encontrara con que los bordes hallados para un objeto pueden diferir si este se rota 45l, otro defecto viene motivado por su forma de calcularlos, para saber si un punto P esta en un borde (ya sea con el exterior o interno al objeto), se llena una matriz M de 3x3 con los valores numéricos de los pixel que pertenecen a $N_8(P)$, situando los valores en la matriz con la misma posición que ocupen entorno a P en la imagen. El valor del punto que esté justo encima se colocará en la posición 1, el que este debajo en el lugar 7, etc, y se calculan las siguientes operaciones.

$$d1 = (M[0]+M[1]+M[2]) - (M[6]+M[7]+M[8])$$

$$d2 = (M[0]+M[3]+M[6]) - (M[2]+M[5]+M[8])$$

$$d3 = (M[0]+M[1]+M[3]) - (M[5]+M[7]+M[8])$$

$$d4 = (M[3]+M[6]+M[7]) - (M[1]+M[2]+M[5])$$

$$d5 = abs(d1) + abs(d2) + abs(d3) + abs(d4) \qquad [ECU-2.18]$$

Donde M[0] a M[8] son variables que contiene el valor numérico del color del punto respectivo (véase ilustración 2.7); $d1$ a $d4$ son resultados intermedios, abs(di) es el valor absoluto de di, y $d5$ es el resultado final. Una vez hallado $d5$ este valor se compara con un valor llamado de umbral, si $d5$ es mayor que el umbral el punto 4 se activará como borde (dibujará en blanco), en el caso de que quede por debajo del umbral, el punto quedará desactivado (dibujado en negro).

Para saber la razon de estos calculos intermedios observemos la figura 2.7, para d1 se suman los valores 0-1-2 y se restan 6-7-8, es decir rectas que pasan por encima y por debajo del punto, d2 igual pero rectas por los lados, d3 halla el valor de esquinas opuestas y d4 los mismo que el anterior con las esquinas restantes. La razon de estos calculos viene dada por que si el punto 4 esta en el borde debe de existir una diferencia de cromatismo dentro de esta matriz. En este ejemplo se puede observar esta partición de la matriz, el punto 4 pertenece al borde los resultados intermedios mas elevados corresponden a d2 y d3, mientras d1 y d4 dan diferencias insignificantes, al sumar todos ellos, en valor absoluto, el resultado es 60, y ya dependiendo del valor dado al umbral, usualmente entre 10 y 30 para 16 o 256 colores, lo reconocerá como borde.

$$M = \begin{bmatrix} 14 & 14 & 8 \\ 14 & 14 & 8 \\ 14 & 8 & 8 \end{bmatrix}$$

$$d1=(14+14+8)-(14+8+8)= 6$$
$$d2=(14+14+14)-(8+8+8)=24$$
$$d3=(14+14+14)-(8+8+8)=24$$
$$d4=(14+14+8)-(14+8+8)= 6$$
$$d5=6+24+6+24 = 60$$

Dos grandes inconvenientes no mencionados hasta ahora son, que la paleta de color que se use ha de tener una correlación lógica con los colores que represente, no se puede permitir que la numeración de estos sea aleatoria, ya que si por ejemplo el 1 es el negro y el 2 el blanco, será incapaz de establecer un borde entre ellos, y la otra es que si la paleta se incrementa (más de 256 colores), elegir el valor de umbral será difícil de establecer.

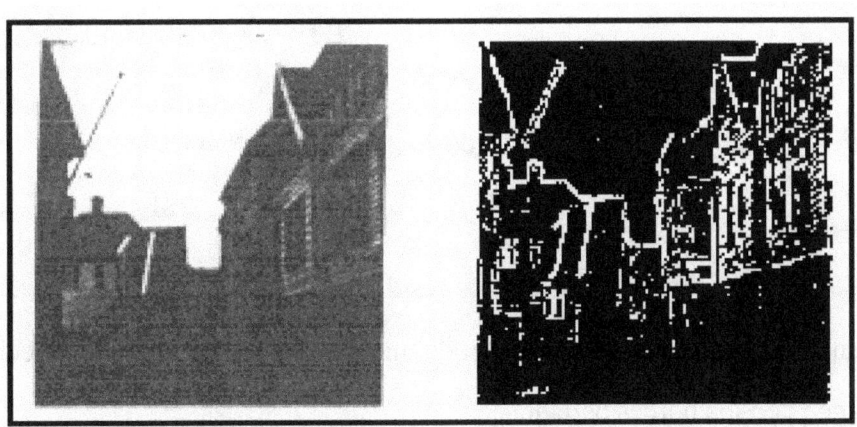

Ilustr. 2.8-Bordes hallados de una imagen mediante el método del laplaciano.

2.4.2-Método Laplaciano (Laplacian edge enhancement).

Este método difiere de los demás métodos existentes debido a que es invariante frente a cambios direccionales, al obtener el mismo borde con cualquier grado de rotación que tenga la imagen, no como el anterior que dependiendo, de la posición espacial de ésta, hallará unos bordes ligeramente distintos. Este método usa la aplicación del operador de Laplace a cada punto para determinar los bordes de la imagen. La ecuación 2.19 muestra dicho operador.

$$L(f(x,y)) = \frac{d^2f}{dx^2} + \frac{d^2f}{dy^2} \qquad [ECU-2.19]$$

Para las aplicaciones computacionales el operador laplaciano se aproxima mediante la ecuación 2.20.

$$L(f(x,y)) = f(x+1,y) + f(x-1,y) + f(x,y+1) + f(x,y-1) - 4*f(x,y) \qquad [ECU-2.20]$$

La ilustración 2.8 muestra los resultados obtenidos al aplicar este método a una imagen: a la izquierda está la imagen de una calle mientras que a la derecha está situada la imagen con los bordes hallados.

2.5-Esqueletonización.

Una de los procedimientos alternativos, o complementario, al cálculo de los bordes en el tratamiento de imágenes es la esqueletonización, que consiste en la obtención del esqueleto de las figuras dadas. Este se consigue erosionando la imagen partiendo de los bordes y siguiendo todas la direcciones hasta que solo queden aquellos puntos de la figura original que cumplan que pasando un eje por ese punto y calculando su distancia hasta los bordes, estas sean iguales, este algoritmo de reducción se define por el *medial axis transformation* (MAT) propuesto por Blum en 1967 [BLUM67].

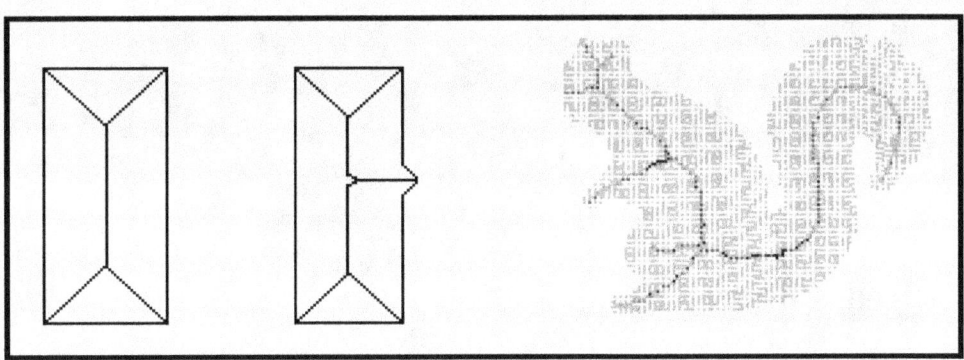

Ilustr. 2.9-Objetos con los esqueletos hallados para ellos.

El MAT de una región R con borde B se calcula como sigue: para cada punto P de R, primero encontraremos su vecino más próximo en B, si P tuviera más de un punto que cumpliera esta condición, entonces pertenece al esqueleto de la figura. El concepto de mas próximo depende del tipo de distancia que se haya escogido. La figura 2.9 muestra algunos ejemplos de figuras con sus esqueletos impresos en ellas, para las figuras simples se ha usado la distancia euclidiana mientras que para la de la ardilla se empleó el sistema desarrollado por Carlo Arcelli y Maria Frucci [ARCE92] paginas 21-28.

Capítulo 3.

Redes neuronales.

3.1-Introducción y conceptos.

La aplicación de las redes neuronales para la asociación y categorización de elementos ha motivado el creciente interés en el estudio y desarrollo de estos sistemas. Múltiples campos han hallado una buena herramienta en ellas como son, detección de patrones, filtrado de señales, segmentación de datos, control adaptativo, optimización, planificación, entre otros, nosotros lo enfocaremos en su aplicación en el reconocimiento de patrones (pattern recognition), un tema sobre el cual existen muchos estudios y una amplia bibliografía [CHOO92], [FUKU89].

Este capítulo está estructurado en tres grandes bloques: el primero trata sobre conceptos necesarios para comprender qué son y cómo funcionan las redes neuronales (estructura y elementos que la componen); en el segundo se explica el ART (adaptative resonance theory) desarrollado por Stephen Grossberg y Gail Carpenter, y en el tercero se explica trabajo desarrollado por Kunihiko Fukushima en el NEOCOGNITRON.

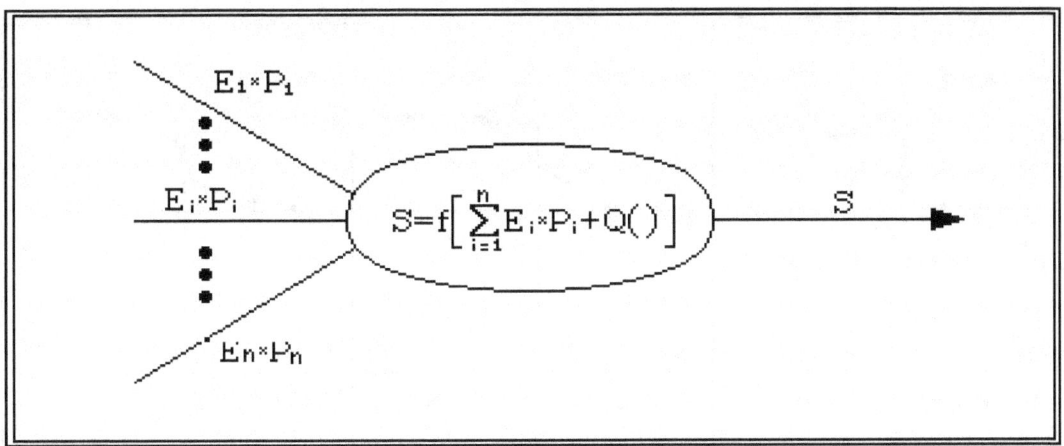

Ilustr. 3.1 -Neurona.

3.1.1-La neurona.

Una red neuronal está compuesta por una serie de nodos interconectados entre sí, estos nodos, su forma de conectarse, y la forma en que trata la información de entrada, son las características que diferencian las distintas clases de redes existentes. Como base de esta organización tenemos a la neurona, la cual tiene como única función, dar una salida en función de las entradas que tenga, cada neurona tiene n conexiones de entrada y una sola de salida, a cada valor de entrada Ei, proveniente de una neurona distinta, se le multiplica por un peso Pi (distintos estos entre sí) para poder ponderar la importancia de los valores provenientes de las distintas neuronas. En función del valor resultante del sumatorio de todas las entradas, incluyendo el valor de la función Q(), propia a la neurona, está dará un valor de salida u otro.

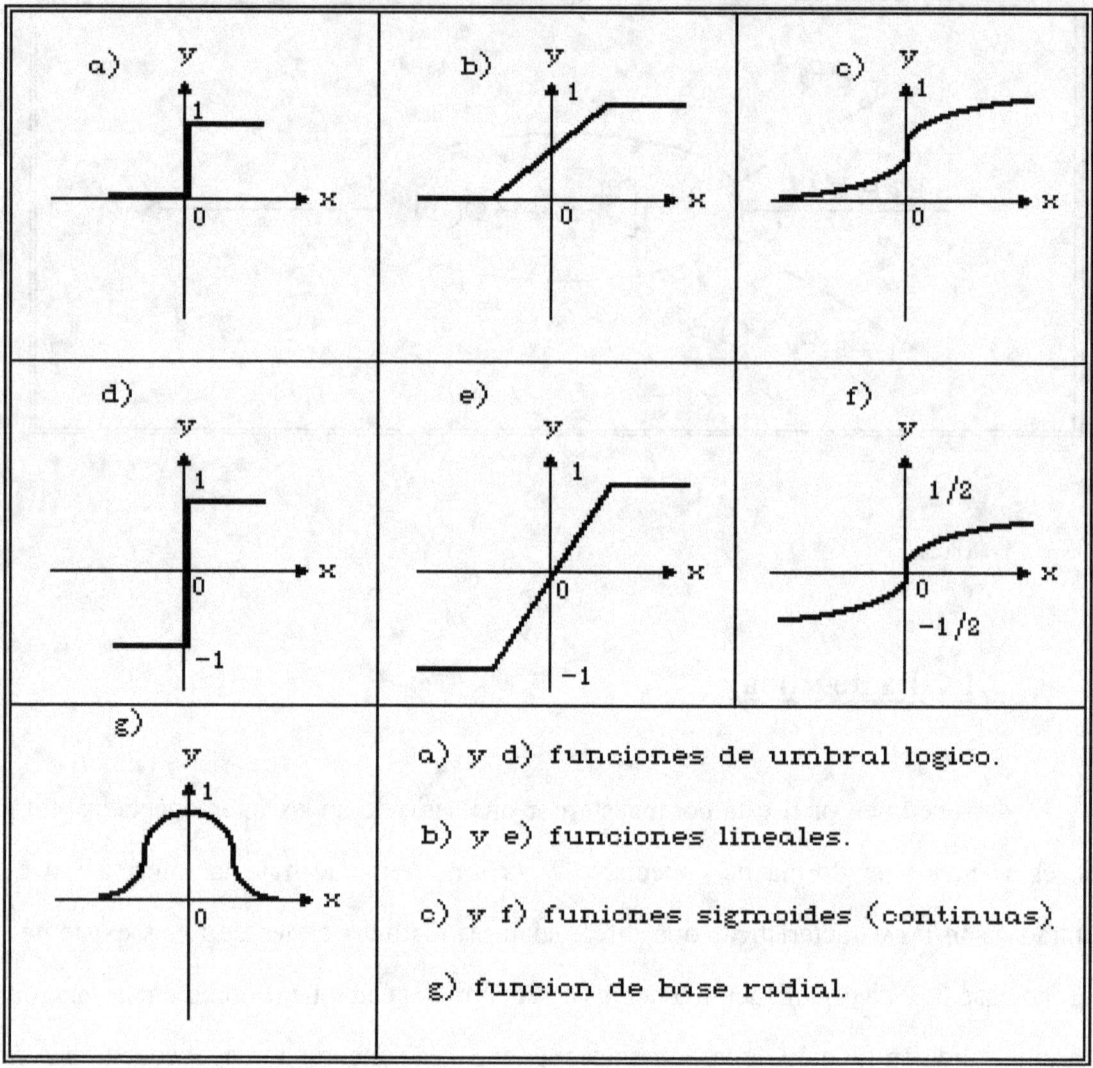

Ilustr. 3.2 - Distintas funciones de activación de una neurona.

En la Ilustración 3.1 se puede ver un ejemplo de neurona, no todos los valores de los pesos aplicados a las entradas deben ser positivos, también se pueden incluir negativos, así obtendríamos que los valores provenientes a una neurona estimularían y otros inhibirían su funcionamiento.

3.1.2-Funciones de disparo.

Como se ha dicho, la suma/resta de los valores a la entrada nos da un valor que, dependiendo de qué tipo de función de disparo tenga la neurona, dará salida (se activará) o quedará inerte, existen varios tipos de funciones que se describen a continuación.

En la Ilustración 3.2 están representadas las funciones más usuales: la primera, figuras a) y d), es la del umbral lógico, que sólo da salida si la suma de entradas alcanza un valor determinado. La segunda es la función lineal, figuras b) y e), en la que el valor de salida es lineal o varia linealmente según el valor de la entrada, si esta se encuentra dentro de un rango determinado, y es igual para todos los valores que rebasen el limite superior, la salida es 1, y para aquellos valores que no lleguen al limite inferior la salida es 0.

La tercera es la llamada sigmoide, que es una función continua con una curva de entrada/salida tal y como se muestra en g) y f). Y como cuarta y última está la función de base radial, cuyo valor de salida será mayor de cero solo si la entrada queda comprendida dentro de un rango de valores, la curva de respuesta esta reflejada en la figura g).

3.1.3-Aprendizaje.

Cuando se produce una respuesta en una neurona ésta debe de adaptarse ante el nuevo entorno, dicha adaptación se realiza mediante la modificación de los pesos que unen las neuronas, para que éstas den la salida deseada, existen varios modos de aprendizaje.

3.1.3.1-Aprendizaje supervisado.

Es aquel en el que la red necesita de un profesor externo y/o información global, este incluye técnicas de decisión acerca del tamaño y duración del período de aprendizaje, existen dos subcategorías, el aprendizaje estructural que se usa para memorizar patrones de modo asociativo o heteroasociativo, y el aprendizaje temporal en el cual se aprende una serie de entradas conducentes a obtener una salida (guardar la secuencia de movimientos para ganar a las 4 en raya), ejemplos de este tipo de aprendizaje son error-corrección, refuerzo.

3.1.3.2-Aprendizaje unsupervisado.

También conocido como auto-organización, consiste en la no existencia de ningún profesor externo que de indicaciones, y para su funcionamiento usará únicamente sus pautas internas, este tipo de redes solo recibe las entradas y ellos deben ser capaces de extraer propiedades comunes a ellas para poder agruparlas en categorías.

3.1.3.3-Error-corrección (Error-correction learning).

Error-corrección es un tipo de aprendizaje supervisado, el cual procede a ajustar los pesos entre neuronas en proporción a la diferencia existente entre los valores deseados y los obtenidos en la salida de cada capa.

3.1.3.4-Regla de refuerzo (Reiforcement learning).

Este método es muy similar al anterior, los pesos son incrementados o decrementados según sea la respuesta positiva o negativa, la diferencia consiste en que en error-corrección es necesario una medida del error en cada capa (un vector de errores), mientras que refuerzo requiere un solo valor para medir el rendimiento de cada capa.

3.1.3.5-Regla de Hebb (Hebbian learning).

Donald Hebb dejó expresada una base teórica acerca del modo en que se puede realizar el aprendizaje en una red neuronal, pero no una expresión matemática que la defina, la idea dice así.

Cuando el axon de una célula A está próxima a excitar a una célula B y repetida o persistentemente toma parte activa en su activación, algún crecimiento ocurre en alguna o en ambas células, de tal forma que, la eficiencia de A para excitar a la célula B se incrementa.

3.1.3.6-Aprendizaje competitivo.

Este metodo de aprendizaje fue introducido por Grossberg y Von Der Malsburg, es un clasificador de patrones, funciona con la filosofía de "el ganador se lo lleva todo", cuando se presenta un patrón a la primera capa, ésta envía sus señales de activación hacia la segunda, donde ocurre que todas las células compiten entre si para auto-enviarse señales excitatorias enviando a su vez cada célula señales inhibitorias a todas las demás de su capa, cuando esta competición termina sólo una célula de la segunda capa quedará activa, la ganadora, en ese momento las conexiones entre esa célula y las células que la activaron desde la primera capa son incrementadas (premiadas).

3.1.4-Interconexión de neuronas.

Existen diversas formas de conectar las neuronas para crear redes neuronales, seguidamente se exponen de manera superficial los tipos más comunes que de interconectarlas.

Existen seis topologías básicas según se muestra en Ilustración 3.3, que son:

* Multicapa.

* Una capa interconectada lateralmente.

* Una capa topológicamente ordenada por vectores.

* Bicapa con retroalimentación.

* Multicapa cooperativa/competitiva.

* Redes híbridas.

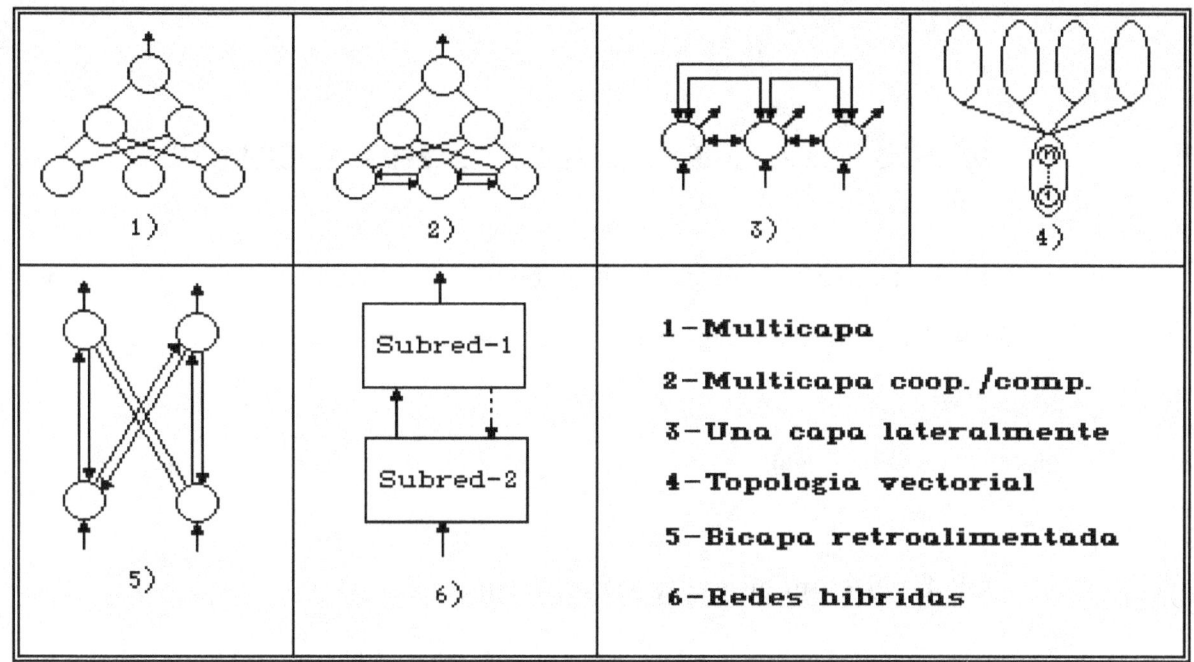

Ilustr. 3.3 -Tipos de topologías de redes.

3.1.4.1-Multicapa

La estructura está dividida en niveles, los cuales contienen un numero de neuronas que no tiene que ser igual en todos ellos, usualmente las capas inferiores (más próximas a la entrada) contienen muchas más neuronas, decrementándose su número según aumentamos de nivel, la información fluye de la capa inferior hasta alcanzar la superior.

3.1.4.2-Una capa lateralmente conectada.

Son redes con una sola capa en la cual todas las neuronas se encuentran interconectadas entre sí, al ser estos enlaces excitatorios e inhibitorios, la entrada llega a todas las neuronas, la red funciona y cuando llega a un estado estable de todas la neuronas se toma la salida.

3.1.4.3-Una capa topológicamente ordenada por vectores.

En ésta no existen conexiones tan explícitas como en los demás tipos. Durante el aprendizaje los elementos del vector sirven para ajustar su posición relativa en el espacio. Por tanto trabaja en función de la orientación espacial de los vectores que componen la red neuronal.

3.1.4.4-Bicapa con retroalimentación.

En estas redes la segunda capa una vez que ha recibido información de la primera, le devuelve, a su vez, información referentes a los datos recibidos, este tipos de redes es muy útil para la asociación de modelos entre la primera y segunda capa, que se llama heteroasociación de modelos.

3.1.4.5-Multicapa cooperativa/competitiva.

Este tipo de configuración es idéntico al (3.1.4.1) pero con la salvedad de la existencia de conexiones laterales entre las neuronas del primer nivel, este tipo de conexiones tiene como función la excitación o inhibición de otras neuronas de su mismo nivel, es muy usada a la hora de hacer reconocimiento de bordes en imágenes y en otras funciones de emulación de la visión biológica.

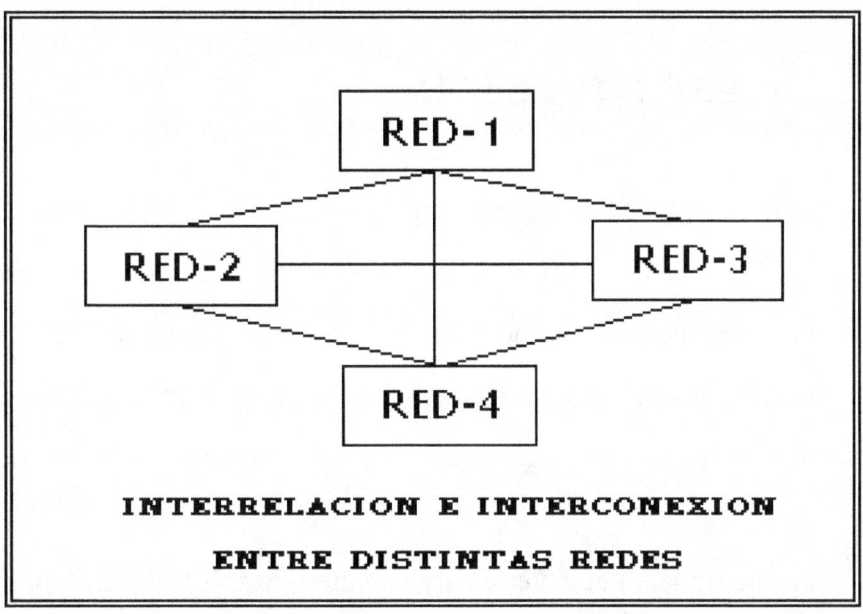

Ilustr. 3.4 -Interconexión de redes.

3.1.4.6-Redes híbridas.

Están formadas por la unión de distintas subredes que podrían tener como primer nivel una red monocapa lateralmente conectada y como niveles superiores una red multicapa normal, hay que hacer notar que la característica de este tipo de redes, es decir la razón de crear una categoría distinta de las anteriores, consiste tanto en el uso de distintos tipos de uniones para formar una red, tanto entre las capas de la red, como en las conexiones existentes entre las neuronas.

3.1.5-Estabilidad y energía.

En algunos tipos de redes como la red de Hopfield, el Brain-State-in-a-Box, Bidirectional Associative Memory (BAM), el criterio definido como estabilidad es muy importante. Estabilidad se define como el estado en el cual los valores iniciales que tenga una red neuronal tras presentarse una entrada, tiendan hacia una solución que represente internamente los patrones de la entrada (sean o no la solución correcta).

En este contexto el teorema de Lyapunov [MARE90] [SIMP90] ha demostrado ser muy eficaz, en esencia este dice que si nosotros somos capaces de definir una función de energía para una red neuronal y, si esta función cumple un determinado criterio, entonces, el sistema será estable, y formalmente, si podemos definir una función multidimensional continua sobre un vector $f(u)$, y una función escalar $E(u)$, entonces $E(u)$ es una función de Lyapunov si se cumplen las siguientes condiciones:

* $E(u) = 0$ para todos los valores de u.

* Si el vector norma de u se aproxima al infinito, entonces E(vector norma de u) tiende al infinito.

* La derivada de $E(u)=0$ para todos los puntos singulares de $f(u)$.

Si se cumplen estas condiciones el sistema será estable y la función de energía es una función de Lyapunov.

3.1.6-Interconexión de redes.

La amplia diversidad de tipos de redes viene motivada por la especialización hacia la que fuerón orientadas, así nos encontramos con que según la tarea que queramos realizar el tipo de red estara prederminado, cuando se intenta hacer un sistema complejo que englobe varios campos de acción, tendremos casi obligatoriamente que trabajar con diferentes clases de redes.

Sistemas similares al mostrado en la figura 3.4 pueden ser normales, aunque más probable es que la estructura piramidal, donde las labores primarias las realicen redes altamente especializadas, y sus resultados serán la entrada a otra red de nivel superior y probablemente menos limitada por una excesiva especialización.

Conviene diferenciarlas de las redes híbridas, estas últimas se ocupan de distintas configuraciones, mientras que la interconexión se ocupa de la unión de redes, cada una haciendo una tarea concreta para conseguir un objetivo global.

3.2 Adaptative resonance theory (ART).

3.2.1-Introducción.

El ART fue desarrollado conjuntamente por Stephen Grossberg y Gail Carpenter, y engloba una serie de redes neuronales capaces de auto-organizar (categorizar) y reconocer, en tiempo continuo o discreto, patrones binarios (ART1) [GROS76] o analógicos (ART2) [GROS87a]. Ambas son redes con unicamente dos capas de neuronas, F1 y F2, usando el aprendizaje competitivo. La creación de este tipo se basa en los estudios sobre el Additive Grossberg (AG) del año 1968 y del Shunting Grossberg (SG) introducido en el año 1973, que fueron pasos previos al desarrollo de la arquitectura del ART.

3.2.2-Arquitectura del ART1.

La ilustración 3.5 muestra como es la estructura del ART1, a primera vista se observan dos tipos diferentes de elementos, las capas de neuronas, y los canales de activación/inhibición, las dos capas de neuronas son, la capa F1 encargada de recibir y tratar el patrón de entrada y el de respuesta de la red, y la capa F2, que contiene las categorias creadas (patrones memorizados), aunque esto no es del todo cierto ya que tiene un nodo activado por cada patrón memorizado, el modulo A, cuya tarea consiste en comprobar la exactitud de la respuesta de la red, y unos canales, unos de control y otros de

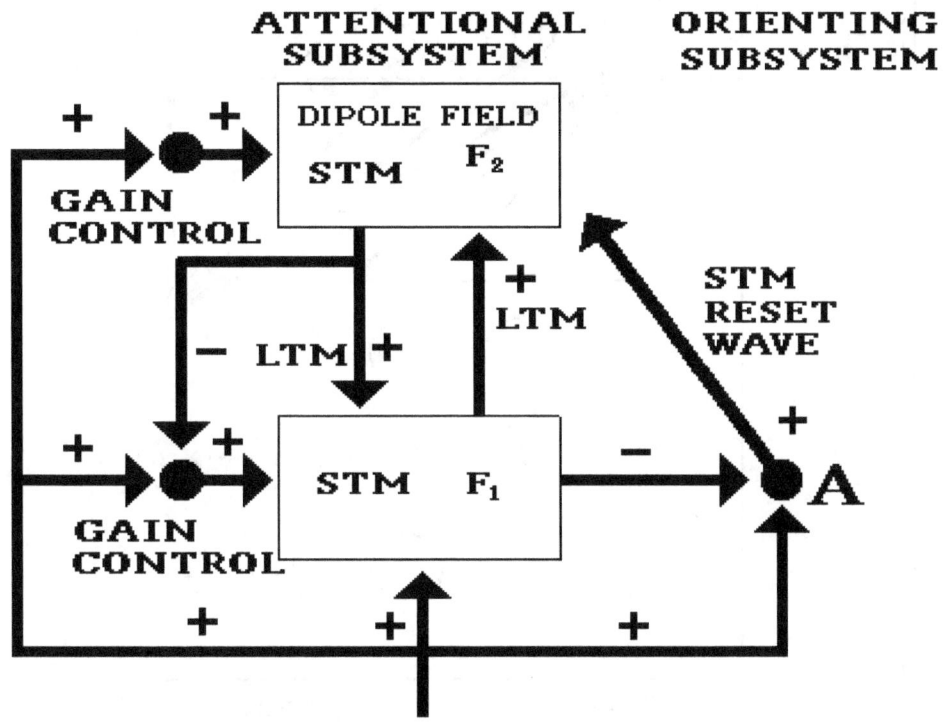

Ilustr. 3.5 -Arquitectura del ART1.

interconexión entre las neuronas de F1 y F2, en estos canales de interconexión entre las capas F1 y F2 es donde, previa alteración de los valores de conexión, se memoriza realmente los elementos de la entrada.

El ART está dividido en dos subsistemas, el *attentional subsystem* y el *orienting subsystem*, el primero se encarga de tratar con los patrones tanto de entrada como los de respuesta de la red, mientras que el segundo se encarga de decidir si la respuesta de la red es buena o no y de si hay que crear una nueva categoría.

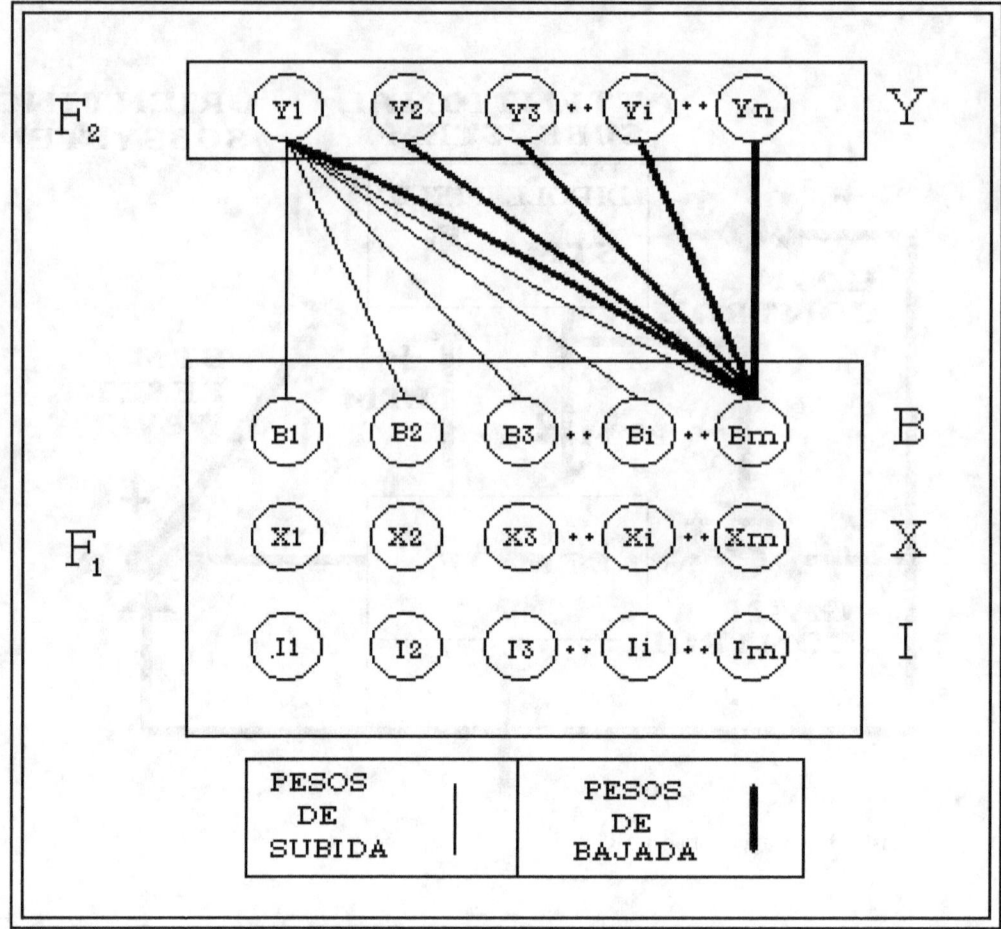

Ilustr. 3.6 -Descripción de las capas F1 y F2 y su interconexión.

Comencemos la explicación por las capas F1 y F2, la figura 3.6 nos muestra su estructura interna, F1 contiene tres vectores I, X y B. El vector I contiene los valores del vector binario de entrada, el cual pasa directamente sin cambios al vector X, y de allí al vector B.

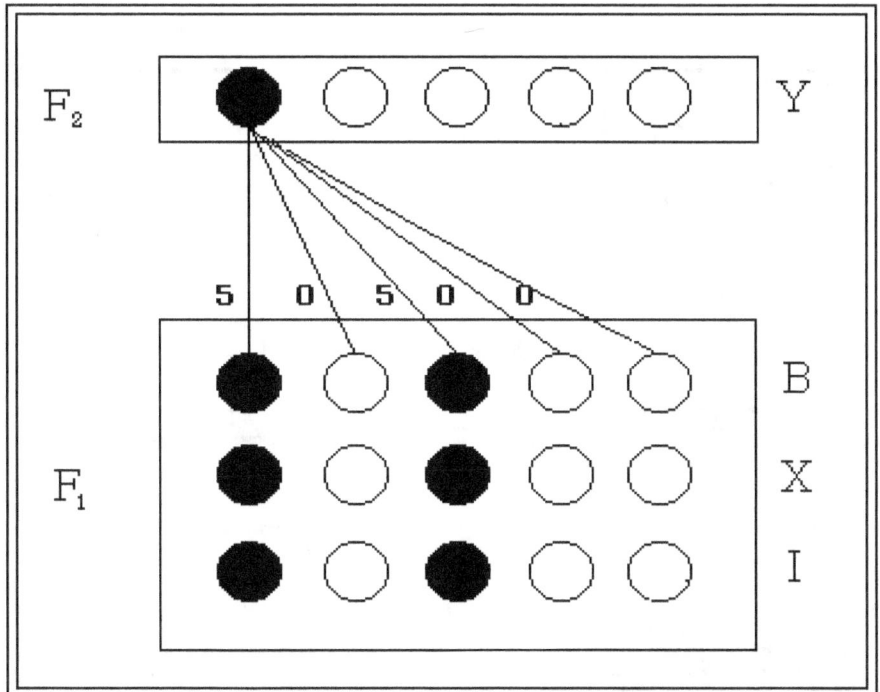

Ilustr. 3.7 -Adaptación de los pesos de bajada para que Y1 responda a un patrón binario como el mostrado en la figura.

La capa F2 contiene un vector Y de un tamaño que no tiene por que ser igual al de los vectores de la capa F1, ya que, al tener un nodo por cada categoría que puede almacenar, se podría decir que cada nodo del vector Y es una posición de memoria, con lo que a mayor número de nodos, mayor número de categorías podrá memorizar, si nosotros queremos que nuestra red sea capaz de reconocer 20 tipos distintos de combinaciones binarias, esta capa deberá tener al menos 20 nodos, uno por cada combinación, este nivel que se inicia con un numero mínimo de neuronas, va creciendo con el paso del tiempo adaptándose al número de categorías que la red necesita crear.

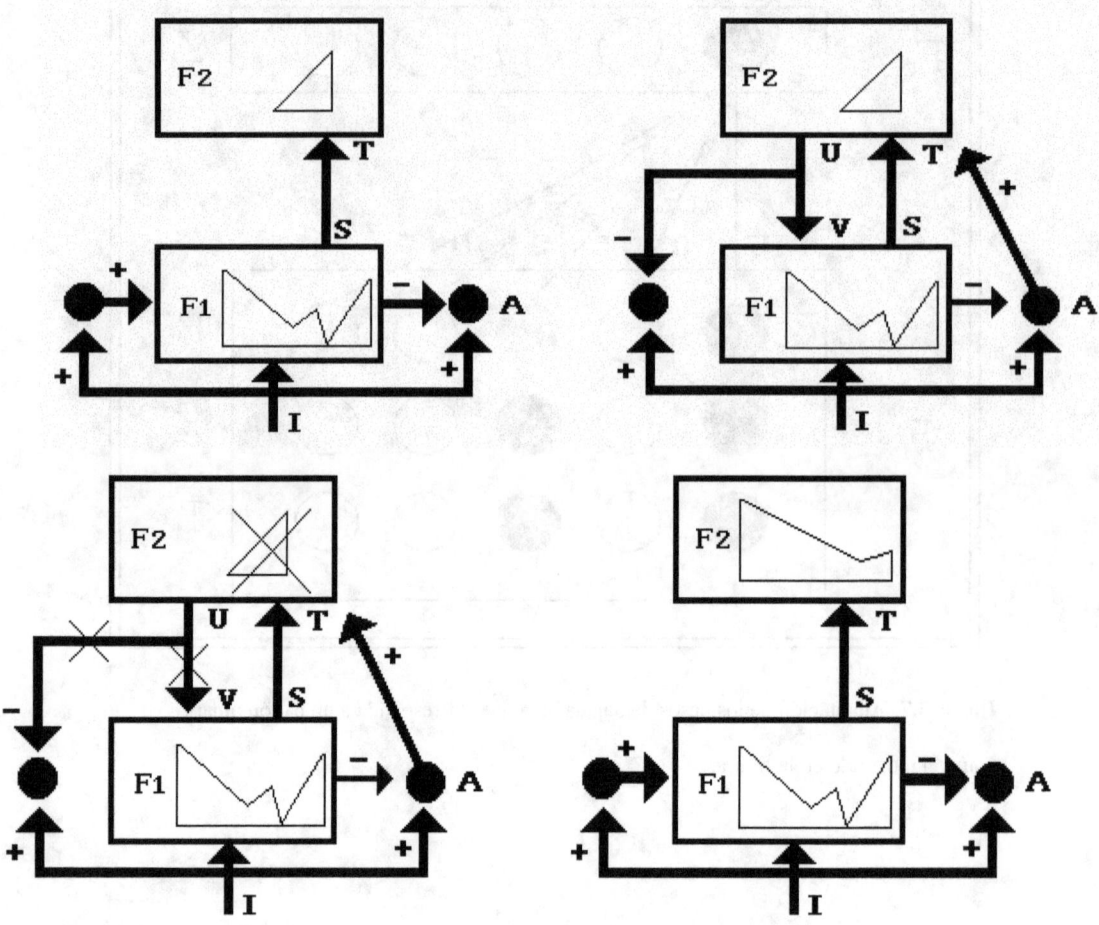

Ilustr. 3.8 -Esquema del funcionamiento del ART ante la entrada de un patrón.

Y finalmente tenemos los pesos de subida y bajada que unen cada elemento Bi del vector B con cada elemento Yj del vector Y, alterando estos pesos es como la red es capaz de aprender y recordar.

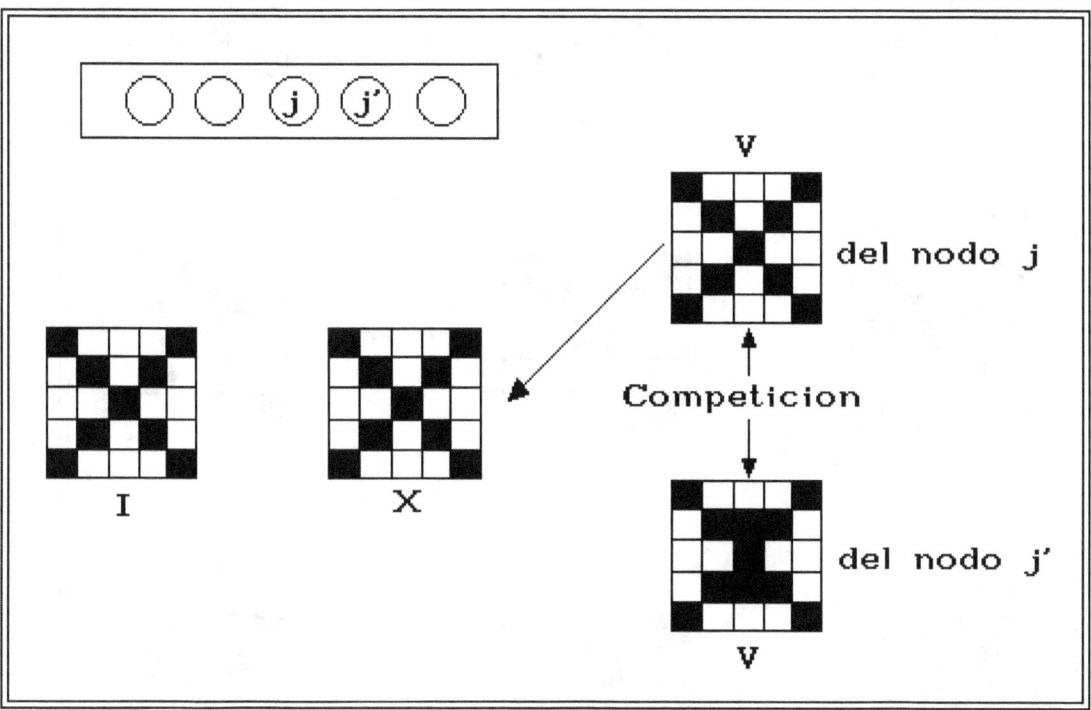

Ilustr. 3.9 -Competición de dos nodos, j y j', por responder a una entrada I.

La ilustración 3.7 contiene un ejemplo de cómo aprende la capa F2 desde un patrón de entrada al que se le han adaptado los pesos de bajada.

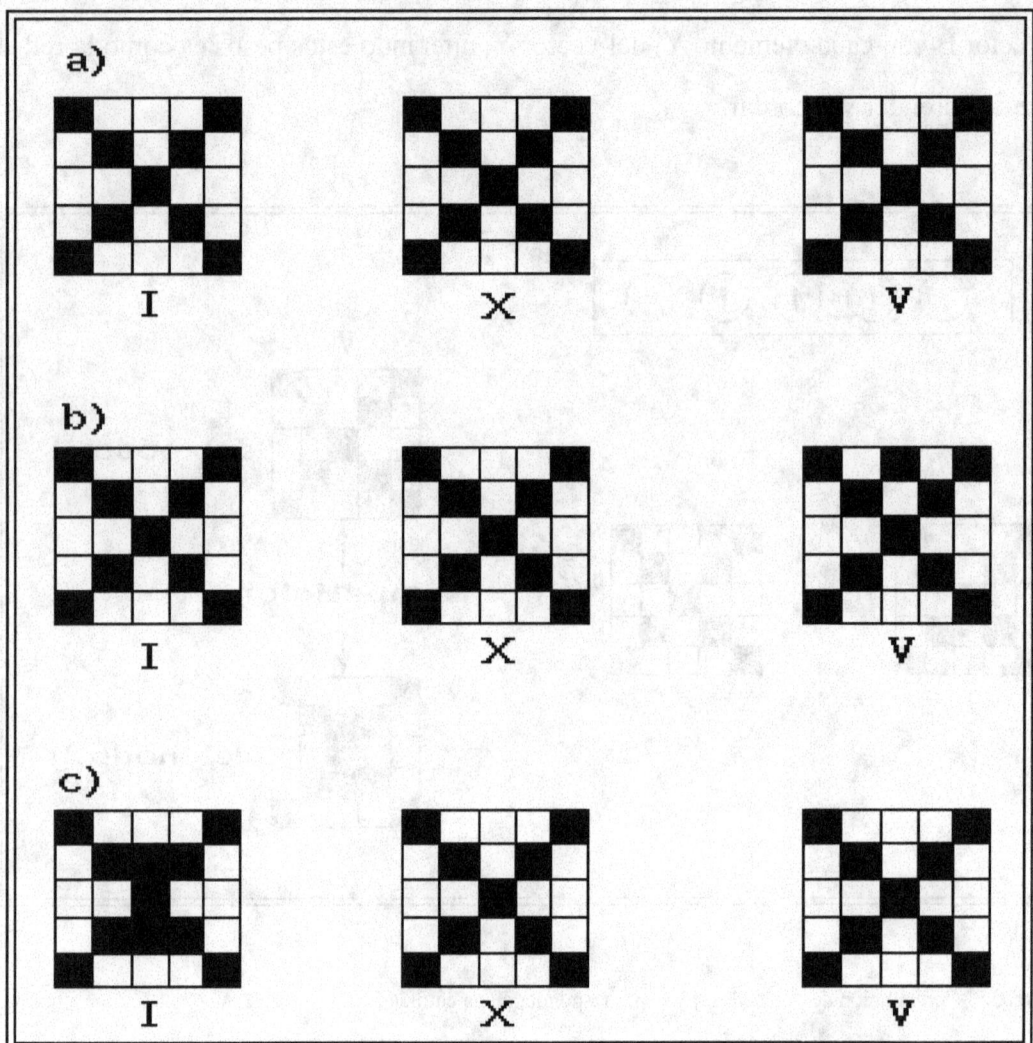

Ilustr. 3.10 -Casos posibles, en el primero existe una categoría igual a la entrada, en la segunda aunque ligeramente distinta la acepta, y en la tercera depende del valor de p si la acepta o rechaza.

3.2.3-Funcionamiento.

El ART básicamente lo que hace, cuando le llega un patrón, es buscar una correspondencia con alguna categoría que ya tenga, y si no, crea una nueva categoría para él, en la figura 3.8 se muestra gráficamente cómo funciona este mecanismo, véase

[GROS88a] y [MARE90].

Tenemos una entrada I (véase figura 3.8 parte superior a la izquierda), ésta entra en la capa F1, de donde pasa al vector X, y de él al vector B sin sufrir cambios y además estimula el *gain control* (control de ganancia) que excita a la capa F2 habilitándola

Para que funcione y acepte el patrón de entrada, cada nodo B_i manda una señal hacia cada elemento Y_j, siendo esta alterada por los pesos de subida llegando a cada neurona en F2 el valor:

$$Y_j = \sum_{i=1}^{n} \sum_{k=1}^{m} B_i * PS_k$$

Donde n es el número de elementos del vector B, m es el número de categorías existentes, y PS_k son los pesos de subida.

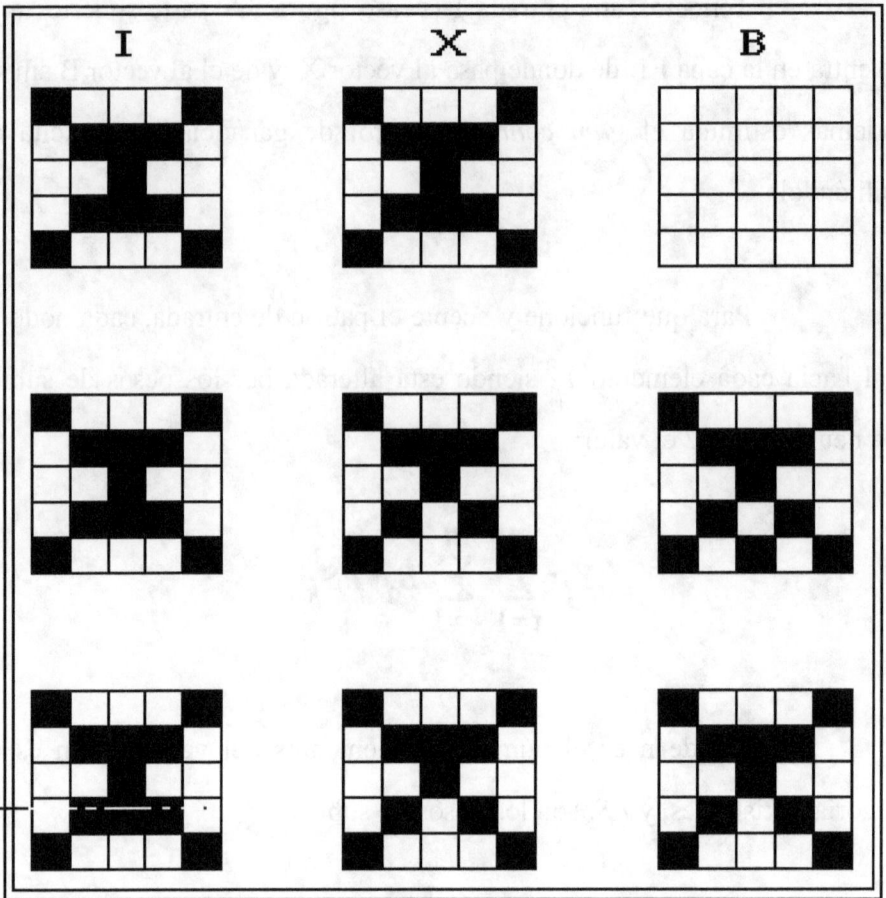

Ilustr. 3.11 -Forma en la que una categoría, una vez que es aceptada como la correcta, se

adapta para acomodarse a la entrada.

En esos momentos se realiza una competición en la capa F2 entre todos sus nodos para ver quién responde a la entrada. Esta competición consiste en que todas las neuronas activadas mandan señales inhibitorias al resto de los nodos (siendo esta señal proporcional al valor excitatorio que han recibido ellas de la capa F1). Una vez resuelta la competición existirá un nodo ganador que será el que responda emitiendo una señal, que, previa ponderación con los pesos de bajada, creará unos nuevos valores en el vector B, cada nodo de este nuevo vector contendrá el valor $B_i = f(Y_j * PB_j)$, donde f(x) es una función que sólo da como salida 1 si x supera un determinado valor, y 0 si queda por debajo.

p=0,8	1	2	3	4	5	6	7
1 A	A RES						
2 B	R RES						
3 C	R -1	C RES					
4 D	R 2	C -1	D RES				
5 E	R 3	C -1	D 2	E RES			
6 F	F RES	C	D	E			
7 G	F	C -1	D	E RES			
8 H	F -1	C	D 3	E	H RES		
9 I	F	C -1	D	. RES	H		
10 J	F	C	D	. RES	H		
11 K	F	C	D	.	K RES		
12 L	F	L RES	D	.	K.		
13 M	F 4	L 2	D 3	.	K -1	M RES	

Ilustr. 3.12 -Aprendizaje del abecedario con *p*=0'8 y 7 categorías.

Una vez que F1 contiene el patrón de respuesta de la red en B, se hace un AND lógico nodo a nodo con el vector de entrada I y se almacena el resultado en el vector X, una vez hecha esta operación se coge la división [X]/[I], donde [X] indica el número de elementos de la capa X que están activados, y [I] lo mismo pero para el vector I. Esta división nos dará un valor, que se compará con otro fijo, llamado valor de vigilancia, que es una característica de la red y se denota con la letra p , si el valor de la división está entre 1 y p entonces se acepta como reconocido, si es menor entonces entra en funcionamiento el modulo A, a este modulo cuando llego la entrada recibió una señal excitatoria, pero al que la capa F1 le envió, por su parte, una señal de idéntico valor inhibitoria, para que quedase inactivo.

Cuando la comparación es negativa la señal de F1 se debilita, permitiendo que este módulo emita un reset hacia la capa F2, y que el proceso de búsqueda se reinicie, pero quedando inhabilitado el nodo de F2 que respondió al principio. Si llegase un momento en el que nadie respondiese, entonces se crearía una nueva categoría para esa entrada.

En la ilustración 3.10 tenemos tres casos de respuesta de la capa F2, en el a) el ratio [X]/[I] es de 1 con lo que no existe problema y se reconoce la entrada, en el caso b) es también 1, ya que, aunque la figura devuelta es diferente, al realizar el AND lógico la figura en la capa X es idéntica a la de la I; y en c), dependerá del valor de vigilancia p, si se acepta o no.

En la figura 3.11 podemos ver un ejemplo de adaptación de una categoría cuando la entrada aceptada como buena difiere un poco de la memorizada. La fila superior muestra cuando el momento en que el patrón de entrada llega a la red, la fila del centro la respuesta que ésta da y el resultado existente en el vector X, al aceptarlo como bueno modifica la categoría que guardaba en memoria para adaptarlo al resultado que quedo en el vector X (fila inferior).

En la figura 3.12 demuestra como una red ART1 aprende el abecedario, los números pequeños muestran las respuestas que va dando y RES la categoría finalmente elegida o creada.

3.2.4-El ART2.

El ART2 fue diseñado también por Grossberg y Carpenter [GROS87b], [GROS88a], es una ampliación hecha al ART1 para así poder trabajar con patrones analógicos y no sólo con binarios. Consta también de una red de dos capas, usa el aprendizaje competitivo y puede operar en tiempo discreto o continuo.

En esta red, la capa F1 esta compuesta por seis subcapas, la ilustración 3.13 contiene la estructura interna de la capa F1, en ella se ven las funciones de transición entre éstas, en las conexiones que no tienen ninguna función asociada, el papel que desempeñan es el de normalizar los valores, de esta forma en la unión entre D_i y C_i se realiza dicha tarea con los valores de D y los traslada a la subcapa C.

La existencia de todas estas subcapas es conseguir normalizar la entrada para permitir que exista una homogeneidad a la hora de hacer las comparaciones.

La función de cada subcapa es la siguiente: A_i contiene el valor que ha llegado a la entrada de la red, y que con la ecuación 3.11 se normaliza y pasa al nodo B_i, y de este tras aplicarle una función de tipo sigmoide (véase ecuación 3.15) llega al nodo D_i, con la normalización de estos valores mediante la ecuación 3.13 pasan al nodo C_i, de este

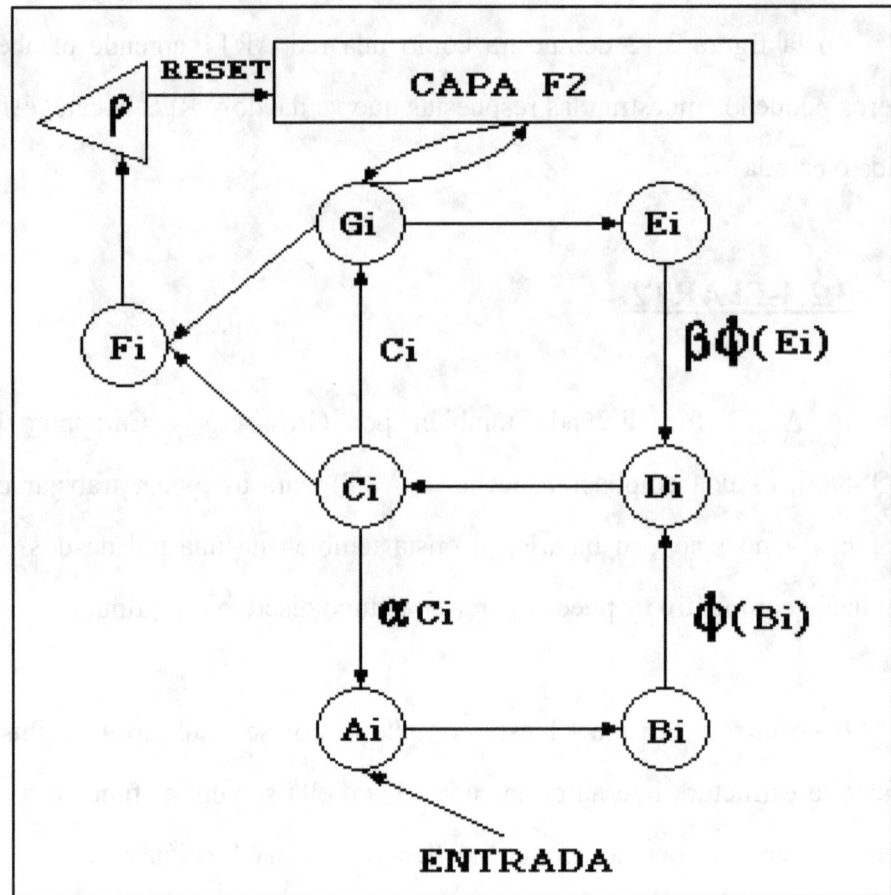

Ilustr. 3.13 - Estructura de las seis subcapas, se usan para normalizar los valores de entrada.

se llega sin cambios a G_i y ya, la señal que se genera pasa, ponderándose con los pesos de subida, hacia la capa F2.

Una vez que la capa F2 ha recibido la señal procedente de F1, se realiza en esta capa una competición de igual forma que sucede en el ART1, esta capa es igual y no sufre cambios, el nodo ganador envía su señal hacia la capa F1, alterándose el valor de ésta según la ecuación 3.17 o 3.19 dependiendo del tipo de aprendizaje.

La señal de bajada realiza el camino $G_i 6 E_i 6 D_i 6 C_i$, al pasar a E_i se le aplica la ecuación 3.16 para normalizar su valor, de ésta a D_i y se le aplica la ecuación 3.14, para de ahí mediante la ecuación 3.13, se normaliza ese valor dando un nuevo valor en C_i.

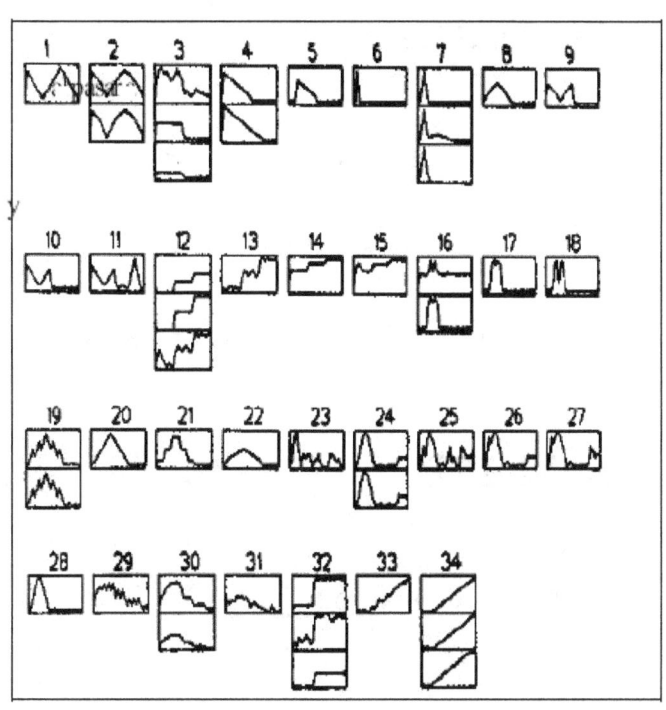

Ilustr. 3.14-Ejemplo de funcionamiento del ART2 ante una serie de entradas analógicas y las distintas clases que va creando.

Una vez llegados a este punto, los valores existentes en el vector G y en el vector C sirven para crear otro vector F mediante la ecuación 3.25. El vector resultante contiene la comparación de estas dos capas (recuérdese que G contiene la respuesta de la red mientras que C el patrón de entrada), se obtiene la norma de este vector F y mediante la ecuación 3.26 se determina si la respuesta es apropiada o no, en el caso de una respuesta relativa el procedimiento es el mismo que el realizado en el ART1, se reinicia el proceso de búsqueda, pero inhabilitando en la capa F2 el nodo que respondió y provoco el reset.

3.2.5-Ecuaciones.

En este apartado se describen las ecuaciones que se utilizan para el control del ART1 y el ART2, sea $A_k = (a_1^k, \ldots, a_n^k)$

El patrón de entrada, donde n es el numero de elementos del que los componen.

3.2.5.1-ART1.

3.2.5.1.1-Activación (Recall).

La ecuación de activación para la capa F1 es la competitiva-cooperativa mostrada en la ecuación 3.1.

$$\overline{a_i} = -a_i + (1-\mu_1 a_i)[\gamma_1 \sum_{j=1}^{m}(f(b_j)v_{ji}+a^{k_i}] - (\delta_1+\varepsilon_1 a_i)\sum_{j=1}^{m}f(b_j) \quad [ECU-3.1]$$

Donde a_i y b_j son las activaciones de la célula i de F1 y del nodo j en F2, f() es la función de umbral descrita en la ecuación 3.5 μ_1 es una constante positiva que sirve para controlar la señal de ascenso y la realimentación, δ_1 y ε_1 son constantes positivas que dirigen el control de ganancia (attentional gain control), y γ_1 es otra constante positiva con similares funciones a μ_1. En cuanto al recuerdo en la capa F2, es la ecuación 3.2 la encargada de su control, en esta ecuación $\mu_2, \delta_2, \varepsilon_2, y \gamma_2$ cumplen similares funciones que sus omónimas en la ecuación 3.1.

$$\overline{b_j} = -b_j + (1-\mu_2 b_j)\left[\gamma_2 \sum_{i=1}^{n}(S(a_i)w_{ji}+f(b_j))\right] - (\delta_2 + \varepsilon_2 a_i)\sum_{k \neq j}^{m} S(b_k) \quad [ECU-3.2]$$

3.2.5.1.2-Memorización (Encoding).

Para la memorización de los patrones, el ART1 puede efectuar el proceso de memorización de dos formas, aprendizaje lento y rápido, en cuanto al aprendizaje lento aplica, para los pesos de subida la ecuación 3.3, y para los pesos de bajada la ecuación 3.4.

$$\overline{w_{ij}} = \alpha_2 f(b_j)\left[-\beta_2 w_{ij} + S(a_i^k)\right] \qquad [ECU-3.3]$$

$$\overline{v_{ij}} = \alpha_1 f(b_j)\left[-\beta_1 v_{ij} + S(a_i^k)\right] \qquad [ECU-3.4]$$

Donde α_1 y α_2 son constantes positivas que controlan la tasa de aprendizaje, β_1 y β_2 son constantes positivas que controlan el decaimiento, v_{ij} es el valor del peso que une el nodo j en F2 con la neurona i en F1, w_{ij} es el valor del peso que une la neurona i de la capa F1 con el nodo j en la capa F2, S() es una función sigmoide empleada en la capa F1 mientras que f() esta definida por la ecuación 3.5.

Donde B es el conjunto de los nodos de F2 que compiten para responder.

$$f(b_j) = \begin{pmatrix} 1 & si \ b_j = \underset{k \in B}{MAX\{b_k\}} \\ 0 & resto \end{pmatrix} \qquad [ECU - 3.5]$$

El aprendizaje rápido, los pesos de subida y bajada deben de ser primero inicializados, las condiciones que los pesos de subida deben de cumplirse en la ecuación 3.6 llamada por Grossberg y Carpenter, la desigualdad del acceso directo (Direct access inequality).

$$0 < w_{ij} < \frac{L}{L - 1 + n} \qquad [ECU - 3.6]$$

Donde L es la constante de memorización (Recording) (L>1) y n es el numero de neuronas de la capa F1. La condición inicial que deben de cumplir los pesos de bajada es la llamada desigualdad del aprendizaje reglado (Template learning inequality), definido en la ecuación 3.7.

$$\frac{1}{2} < v_{ij} \leq 1 \qquad [ECU - 3.7]$$

Cuando ha sido seleccionado el nodo que va a responder, el ART1 calcula el vector de bajada, y halla el nuevo valor del vector X que se obtiene a partir de la ecuación 3.8.

$$x_i = \sum_{j=1}^{n} a_i^k \bigcap v_{ij} \qquad [ECU - 3.8]$$

Donde $X=(x_1, x_2, ..., x_n)$ $\bigcap$ y _ es la intersección binaria, el vector X es, por tanto, el usado para actualizar los pesos de subida y de bajada usando las ecuaciones 3.9 y 3.10 respectivamente.

$$w_{ij} = \left(\begin{array}{cc} \dfrac{L}{L-1+|X|} & si\ x_i\ y\ b_j = 1 \\ 0 & resto \end{array} \right) \qquad [ECU-3.9]$$

Siendo $|X|$ el número de elementos de vector X.

$$v_{ij} = \left(\begin{array}{cc} 1 & si\ x_i = 1 \\ 0 & resto \end{array} \right) \qquad [ECU-3.10]$$

Para una más amplia explicación de funcionamiento y descripción acerca de estas ecuaciones véase [SIMP90], [GROS87b].

3.2.5.2-ART2.

3.2.5.2.1-Activación (Recall).

Las formulas que regulan el paso de señales entre las subcapas de la capa F1 son las siguientes, donde $A_k = (a_1^k, a_2^k, ..., a_n^k)$ es la entrada que recibe la red.

$$a_i = a_i^k + \alpha c_i \qquad [ECU-3.11]$$

Siendo $0 < \alpha < 1$.

$$b_i = \frac{a_i}{\gamma + \|A\|} \qquad [ECU-3.12]$$

Donde $A = (a_1, a_2, ..., a_n) > 0$ es el vector con los valores que contiene la capa A, $\gamma > 0$ es una constante, y $\|A\|$ es la norma euclidiana del vector A.

$$c_i = \frac{d_i}{\gamma + \|D\|} \qquad [ECU-3.13]$$

Siendo $D = (d_1, d_2, ..., d_n)$ un vector que tiene los valores que están en la subcapa D.

$$di = \varphi(b_i) + \beta\varphi(e_i) \qquad [ECU-3.14]$$

Siendo $ß > 0$ una constante, $\varphi()$ una función de tipo sigmoide definida por la ecuación 3.15.

$$f(x) = \left(\begin{array}{cc} \dfrac{2\theta x^2}{x^2+\theta^2} & si\ 0 \le x \le \theta \\ x & resto \end{array} \right) \qquad [ECU-3.15]$$

$$e_i = \dfrac{g_i}{\gamma + \|G\|} \qquad [ECU-3.16]$$

Donde $G = (g_1, g_2, ..., g_n)$ es el vector que contiene los valores de la capa G. El valor que tiene g_i, depende del uso de aprendizaje lento o rápido, si se usa aprendizaje lento el valor de g_i se halla a partir de la ecuación 3.17.

$$g_i = c_i + \sum_{j=1}^{p} \varphi(h_j) v_{ij} \qquad [ECU-3.17]$$

Siendo v_{ij} el peso de bajada, y la función φ la definida en la ecuación 3.18.

$$\varphi(h_j) = \left(\begin{array}{cc} \delta & si\ h_j = \underset{k \in H}{MAX\{h_k\}} \\ 0 & resto \end{array} \right) \qquad [ECU-3.18]$$

Donde $0 < \varphi < 1$ y H es el conjunto de nodos de F2 que compiten por responder.

Si se usa el aprendizaje rápido, entonces, se calcula mediante la ecuación 3.19.

$$g_i = \left(\begin{array}{cc} c_i & si\ F2\ esta\ teniendo\ señal\ de\ entrada \\ c_i + \delta w_{ij} & si\ h_j\ esta\ activo \end{array} \right) \qquad [ECU-3.19]$$

El valor que recibe cada nodo H_j de la capa F2 se calcula mediante la ecuación 3.20.

$$h_j = \sum_{i=1}^{n} g_i w_{ij} \qquad [ECU-3.20]$$

3.2.5.2.2-Memorización (Encoding).

Las funciones de memorización dependen de si se eligió el aprendizaje lento o rápido, para el aprendizaje lento las ecuaciones que rigen el funcionamiento del ART2 son, para ajustar los pesos de bajada.

$$\overline{v_{ij}} = \varphi(h_j)[g_i - w_{ij}] \qquad [ECU\text{-}3.21]$$

Y para ajustar los pesos de subida.

$$\overline{w_{ij}} = \varphi(h_j)[g_i - w_{ij}] \qquad [ECU\text{-}3.22]$$

En el aprendizaje rápido los pesos de bajada se ajustan con la ecuación 3.23, y los de subida con la ecuación 3.24.

$$\overline{v_{ij}} = \begin{pmatrix} \delta[g_i - v_{ij}] = \dfrac{\delta(1-\delta)}{\dfrac{c_i}{1-\delta} - v_{ij}} & si \ h_j = \underset{k \in H}{MAX\{h_k\}} \\ 0 & resto \end{pmatrix} \qquad [ECU-3.23]$$

$$\overline{w_{ij}} = \begin{cases} \delta[g_i - w_{ij}] = \dfrac{\delta(1-\delta)}{\dfrac{c_i}{1-\delta} - w_{ij}} & si \ h_j = \underset{k \in H}{MAX\{h_k\}} \\ \\ 0 & resto \end{cases} \qquad [ECU-3.24]$$

3.2.5.2.3-Reset.

Los componentes del vector F se calculan mediante la ecuación 3.25, en la que $0 < \xi n 1$, $C = (c_1, c_2, ..., c_n)$ son los valores del vector C, $C = (c_1, c_2, ..., c_n)$ son los valores existentes en el vector G.

$$f_i = \frac{c_i + \xi g_i}{\gamma + C + \xi G} \qquad [ECU-3.25]$$

La ecuación que se encarga de determinar si la respuesta de la red es buena o no, es la ecuación 3.26, donde si se cumple la desigualdad, se producirá la señal de reset.

$$\frac{\rho}{\gamma + F} > 1 \qquad [ECU-3.26]$$

Siendo ρ el valor de vigilancia, con igual tarea que en el ART1.

3.3-El neocognitron.

3.3.1-Introducción.

En el año 1975 Kunihiko Fukushima, investigador de los laboratorios de la NHK, desarrollo una red neuronal que era capaz de aprender y posteriormente reconocer formas, esta red, que llamó COGNITRON [FUKU75], fue prontamente aplicada al reconocimiento de caracteres, donde dio un gran resultado.

Como principal diferencia con el ART de Grossberg, señalaremos que ésta es una red de tipo mas convencional, donde existen múltiples capas por las que fluye la información para en la ultima capa activar una única neurona que será la salida determinada, otra diferencia que se encuentra entre las dos redes es que la de Fukushima es capaz de reconocer las entradas aunque tengan ruido, estén deformadas o no centradas. La ilustración 3.28 contiene una serie de caracteres correctamente reconocidos por la red.

El principal problema que existía era que los caracteres debían estar dibujados en una manera estandar ya que cualquier desviación de posición o cambio en el tamaño implicaba un fallo en el reconocimiento, para solventarlo creo principalmente dos tipos de capas de neuronas, uno sacaría formas y el otro atendería a cambios posicionales o de distorsión, esta nueva red fue llamada NEOCOGNITRON, y fue creada aproximadamente en el año 1980.

Buscando perfeccionar esta red, la siguiente mejora en la que pensó su creador fue en que se le pudiera mostrar un texto y él se encargase de dividirlo en caracteres, que no estuviese limitado a tener que presentarle carácter a carácter, con esta idea desarrollo mejoras al NEOCOGNITRON incluyéndole la atención selectiva [FUKU88],[FUKU92], esto ocurrió aproximadamente en el año 1988, en la figura 3.14 se puede ver un cuadro con los avances.

1975	COGNITRON	RECONOCIMIENTO DE CARACTERES
1980	NEOCOGNITRON I	RECONOCIMIENTO DE CARACTERES DEFORMADOS Y/O CON RUIDO
1988	NEOCOGNITRON II	ATENCION SELECTIVA RECONOCIMIENTO DE CARACTERES EN GRUPO
1990	DIGI-NEOCOGNITRON	IMPLEMENTACION DIGITAL DEL NEOCOGNITRON I EN CIRCUITOS VLSI

El funcionamiento interno del NEOCOGNITRON es analógico, lo que implica una dificultad a la hora de su implementación practica, por esta razón Brian A. White y Mohamed I.Elmasry crearon un NEOCOGNITRON I digital que plasmaron físicamente en circuitos VLSI, este fue llamado DIGI-NEOCOGNITRON y fue realizado en el año 1990.

3.3.2-Arquitectura del NEOCOGNITRON.

En esta sección se explicará la arquitectura del llamado NEOCOGNITRON I y se mencionarán algunas de las características del NEOCOGNITRON II.

3.3.2.1-Tipos de células.

En el COGNITRON sólo existían dos tipos de células, unas se encargaban de realizar el trabajo de reconocimiento y las otras se encargaban de controlar el caudal de información.

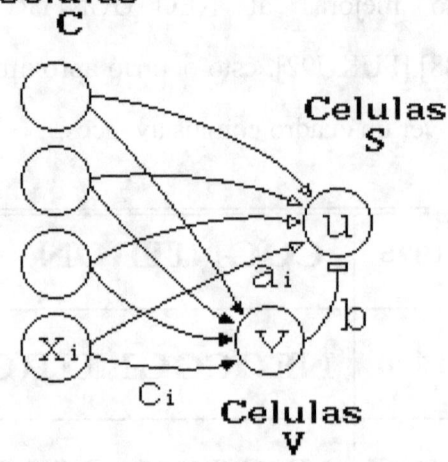

a_i – Peso de X a U VARIABLE

c_i – Peso de X a V VARIABLE

b – Peso de V a U FIJO

Posteriormente en el NEOCOGNITRON el número de células se amplió a cuatro, los tipos C, S, Vs, Vc.

Ilustr. 3.15 -Conexiones entre las células S y C y pesos existentes entre ellas.

Las células C se encargan de extraer imágenes, las células S de controlar los cambios de tamaño y de posición, y las Vc y Vs se encargan de controlar el caudal de información entre capas de células C-S y S-C respectivamente.

En la figura 3.15 se observan las conexiones existentes entre las células S y una célula C con la correspondiente célula Vc.

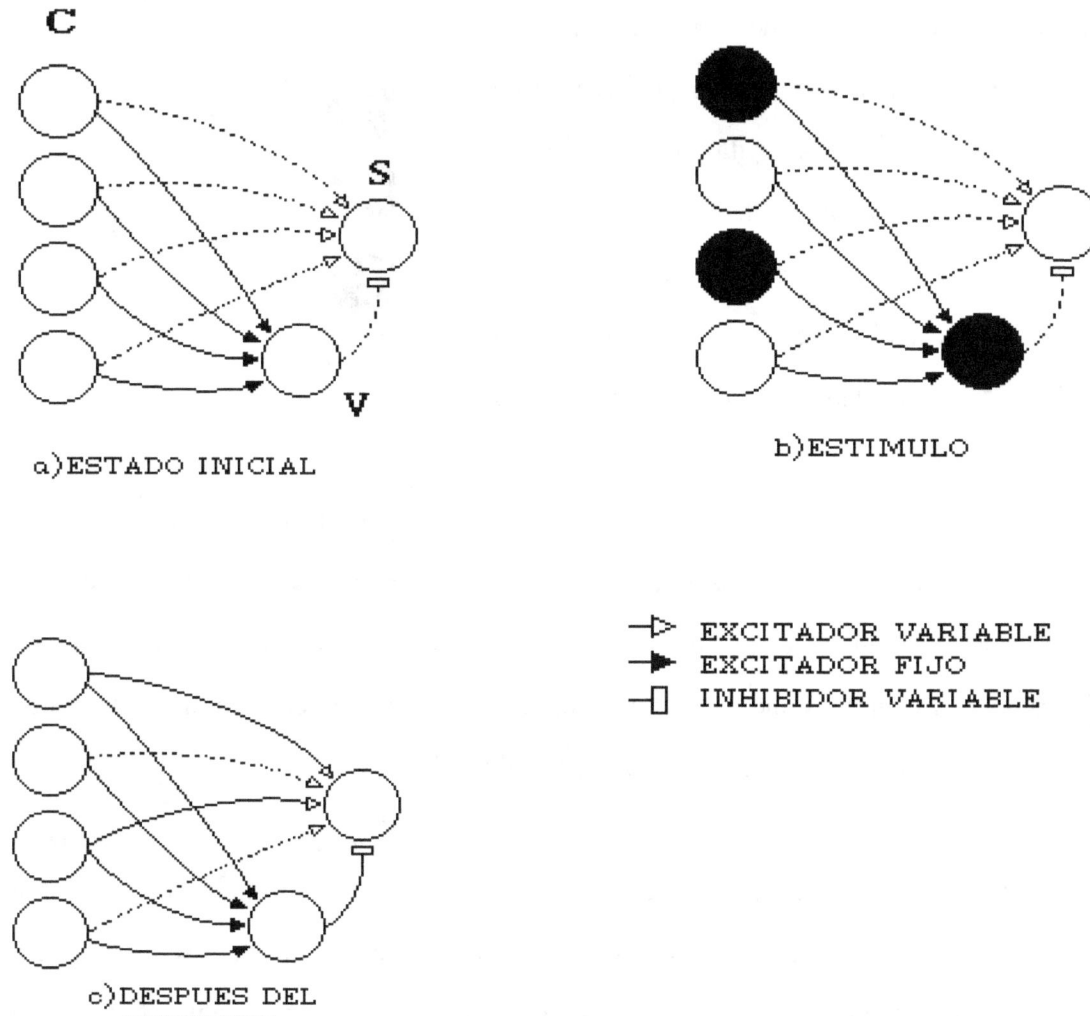

Ilustr. 3.16-Aprendizaje de un grupo de células para responder a un determinado patrón de entrada.

Para explicar el funcionamiento nos dirigiremos a la figura 3.16, donde en a) se observa el estado inicial en el cual los pesos que son variables tienen valores muy bajos y similares, en b) cuando llega el estímulo que activa las células pintadas de negro, están activan la célula V, estando formada la entrada de la célula S por dos valores positivos, que provienen de las células excitadas en la capa C, y de un valor de inhibición de la célula V, con lo que al dar salida se incrementan los pesos que vienen de las células excitadas y también el peso de la célula V, quedando la estructura tal y como se observa en c).

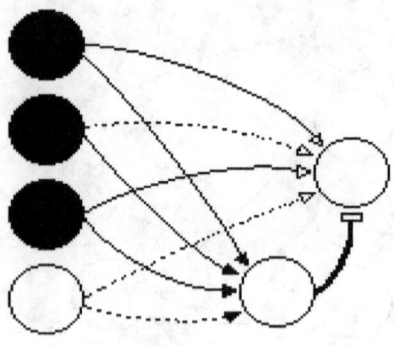

Ilustr. 3.17 -Respuesta de la célula ante una entrada distinta de la memorizada

Con estos valores en los enlaces la célula S sólo responderá al patrón de entrada que generó su aprendizaje ya que si la entrada fuere distinta tal y como se muestra en la figura 3.17, las entradas que excitan a la célula S no igualarían en valor a la que inhibe, con lo que no habría respuesta de salida de la célula C.

Conviene recordar que al ser analógico, la salida está en función del valor a la entrada, con lo que ante una entrada proveniente de tres células la salida será mayor que si sólo lo es de una célula de la entrada, mientras que la entrada a la célula S recibe dos valores casi idénticos provenientes de las células que se activaron en el primer instante (cuando aprendió, véase ilustración 3.16) y otro valor mucho menor que procede de la tercera célula.

3.3.2.2-Estructura.

La estructura en que se basa el NEOCOGNITRON es la mostrada en la figura 3.18, es decir, la multicapa competitiva, en la que la ganancia de las células viene determinada por la ley del ganador se lo lleva todo, es decir la célula que se refuerza lo hace ella sola e inhibe a sus vecinas para que ella sea la única que responda ante ese estimulo de entrada, en esta estructura, la información avanza capa tras capa hasta definir una única salida en la final.

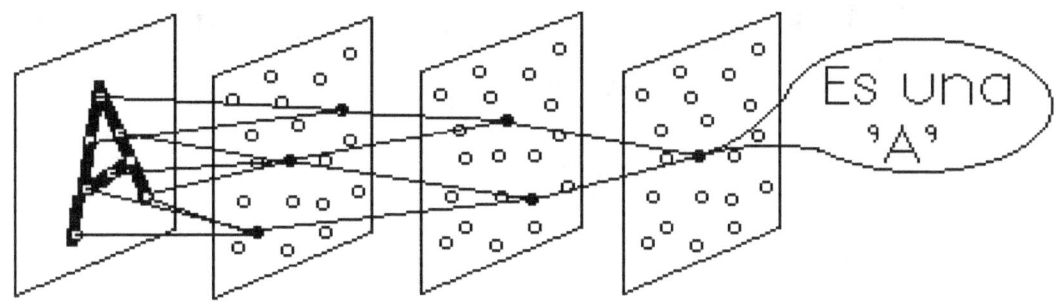

Ilustr. 3.18 -Multicapa competitiva.

Cada nivel está formado a su vez por dos subcapas, una de células S y otra de células C, como se muestra en la figura 3.19, asimismo entre la capa S y la capa C existe una capa de células Vs y entre capa C y capa S una capa de células Vc, todas estas capas se interconectan tal y como se muestra en la figura 3.19.

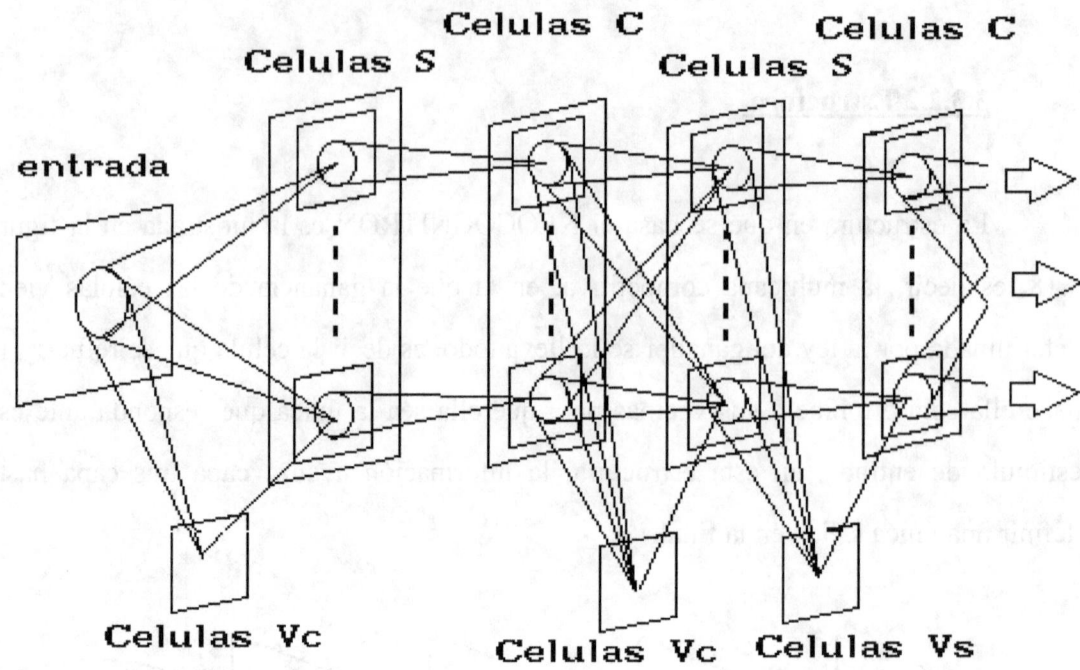

Ilustr. 3.19 -Interconexión de capas.

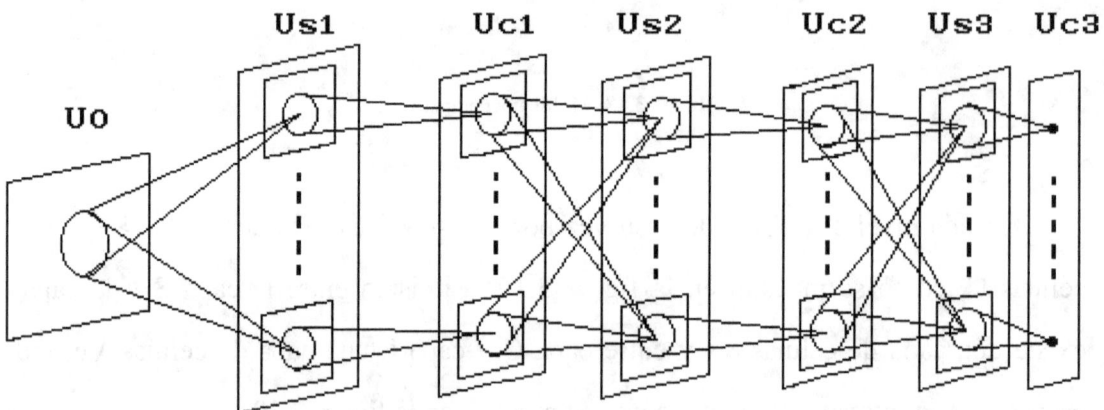

Ilustr. 3.20 -División de cada capa en dos.

En la figura 3.20 se muestra la división que existe dentro en subcapas S y C.

3.3.3-Funcionamiento.

Ya conocemos que tipos de células componen el NEOCOGNITRON así como su estructura con lo que podemos aventurarnos en la tarea de describir su funcionamiento.

Podemos aplicarle el aprendizaje supervisado o unsupervisado, dependiendo de la aplicación que nosotros queramos darle a la red, el aprendizaje supervisado se aplicará cuando nosotros queramos que dos elementos distintos correspondan a una misma categoría, en el caso de caracteres estaría muy clara su utilización para hacer corresponder mayúsculas con minúsculas.

Sobre el reconocimiento, la figura 3.21 nos da una visión gráfica de este proceso, como vemos en la parte inferior del dibujo, la letra "A" la divide en zonas (el tamaño de la zona no es fijo, en este ejemplo son muy grandes pero lo normal es crear una matriz de puntos como se ve en la figura 3.25), cada zona que ha extraído está contenida en un cuadrado distinto, la capa Uc1 tiene una circunferencia que indica la zona en la que puede ir la proyección de la capa Us1, con lo que es el máximo cambio posicional que puede sufrir esa zona sin que la distorsión haga irreconocible el carácter.

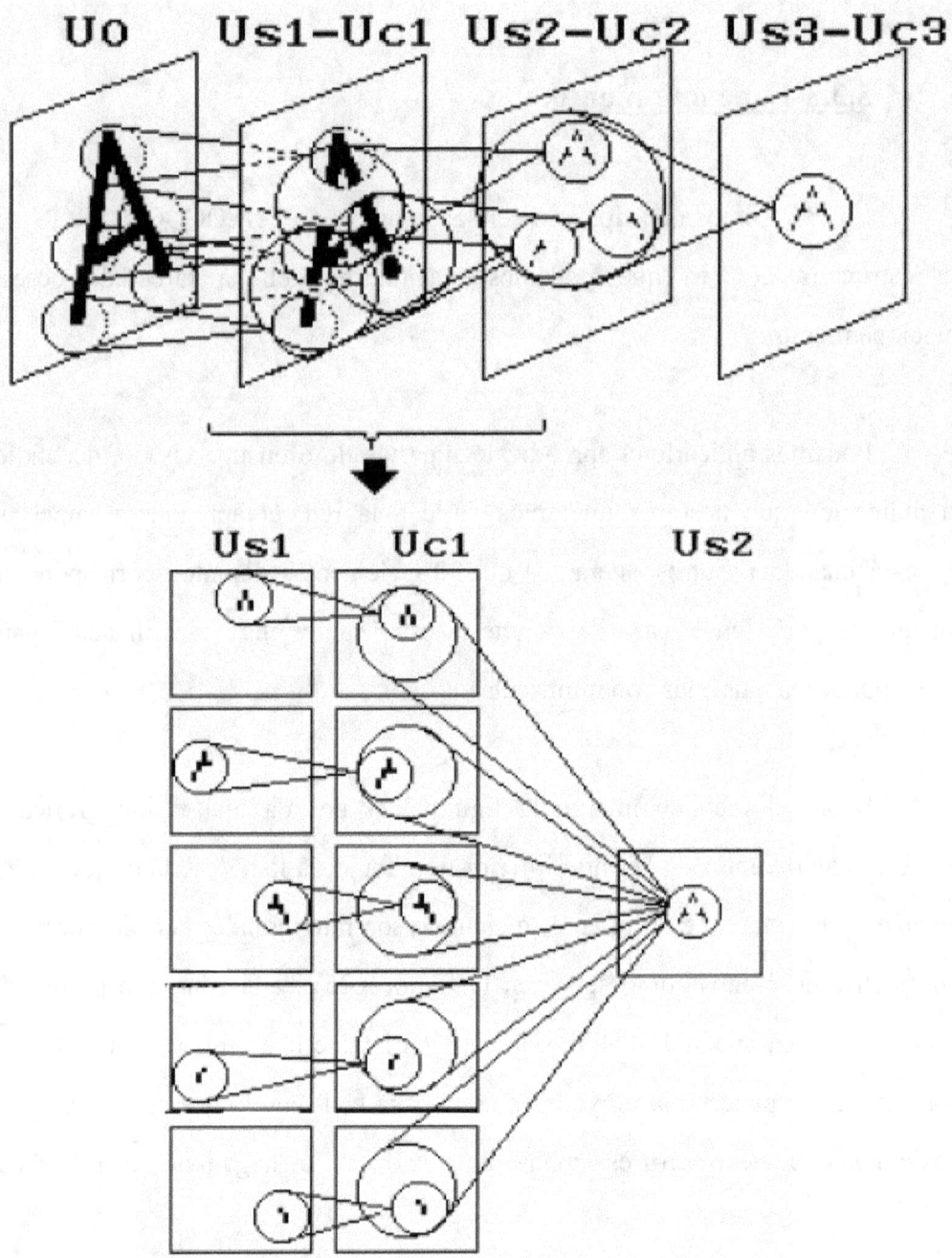

Ilustr. 3.21 -Forma en que trabaja el neocognitron.

De esta forma se consigue que caracteres distorsionados o con tamaños distintos al estandar se puedan reconocer. Hay que tener cuidado cuando se expecifique esta circunferencia, ya que se podría dar el caso que se muestra en la figura 3.22, donde al mezclarse, éstas permiten que una imagen incorrecta se identifique como buena.

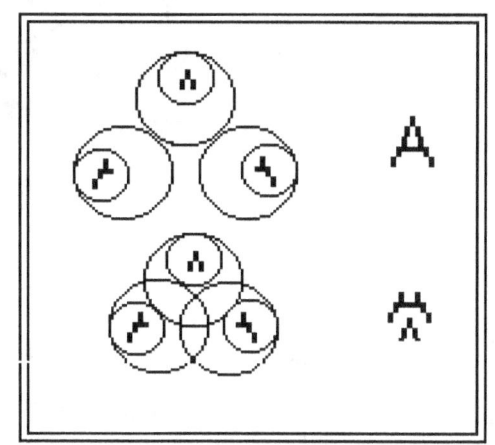

Ilustr. 3.22 -Efecto negativo que puede causar.

Además de esta alteración, también se "difumina" la imagen de entrada para conseguir que se puedan reconocer imágenes distorsionadas, el cómo se hace esta distorsión se muestra
en la figura 3.23, en la cual se pueden ver los dos efectos de esta difuminación, el primero que un punto en la capa Us activa varias células en la capa Uc, y el segundo, que varios puntos activen una misma célula de Uc.

En la figura 3.25 se puede ver un COGNITRON de tres capas, en la entrada se presentan tres letras, "Y", "Z" y "X", y se muestran las respuestas de la tres capas, en negro están pintadas las células que se activan, siendo U3 la capa final, las células que se activan en U3 se muestran en la figura 3.24.

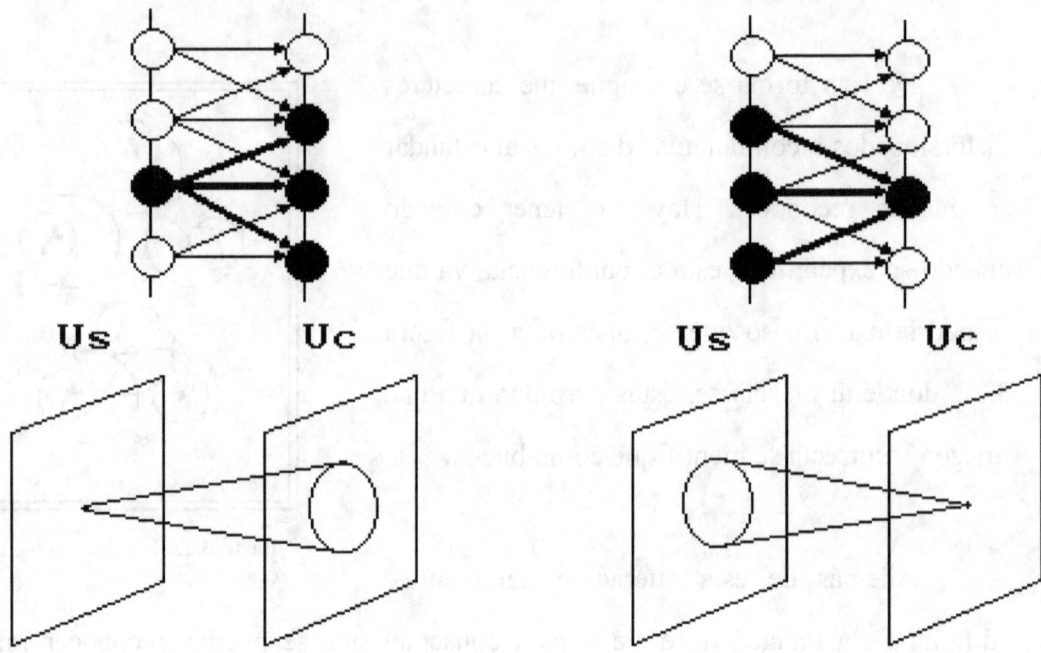

Ilustr. 3.23 -Efectos que provoca la distorsión de una imagen.

Una de las formas de comprobar la fidelidad de este método consiste en hacer el camino marcha atrás, es decir, una vez que la red ha aprendido algunos caracteres, activar una de las células de la capa U3 y comprobar que obtenemos a la entrada.

Siguiendo con el ejemplo de la figura 3.25 activamos primero un punto que únicamente lo haya excitado una letra, luego uno de dos letras, y finalmente uno de tres para comprobar la imagen que se formara en la entrada.

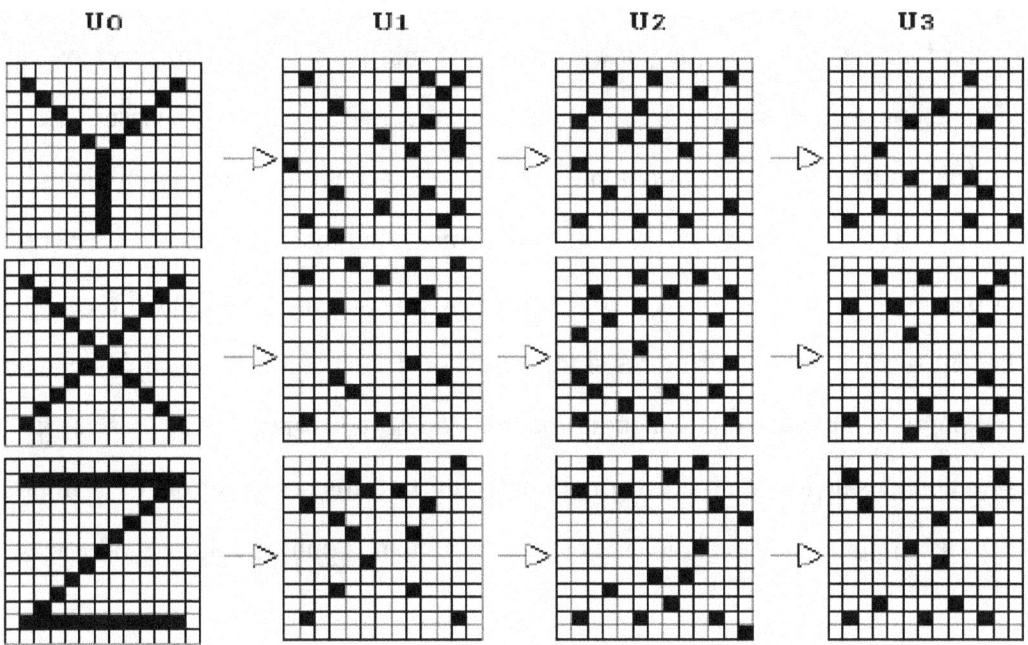

Ilustr. 3.25 -Respuesta del COGNITRON ante las letras "X", "Y" y "Z", se muestran las células que se activan en las capas intermedias.

Z		X Y	Z	X Y		Z		X Y
	X	Z			X Y			Z
		X Y	Z X		Z			X Y
X Y	Z		X Y					
		X Y		Z		X Y Z		
	X Y	Z	Y		X Y	X Y Z		
		X Y	Z			X Y Z		
Y	Z			Z				Z
X Z		X		Y	Z	Y		
Y		X	Y		Y	X		Y

Ilustr. 3.24 -Cada recuadro corresponde a una célula de la capa U3, la letra indica que se activa cuando se presenta esta en la entrada

Los efectos de este camino hacia detrás están plasmados en la figura numero 3.26, donde se observa que para un punto de una letra (Y), si rehacemos el camino obtenemos a la entrada la letra completa "Y", esto no ocurre necesariamente, pues podría ocurrir que a la letra obtenida le faltasen algunos puntos, con el ejemplo de dos letras (X, Z) vemos cómo se obtienen algunos puntos comunes y otros que sólo se corresponden a uno de los dos caracteres. La explicación de esto se halla en que cuando hacemos el camino marcha atrás si tomamos todas las células de la salida de un carácter, los puntos comunes aunque activen puntos que no corresponden al carácter las señales provenientes de los otros se encargarían de inhibir estos puntos erróneos, y finalmente al activar un punto de tres caracteres esta vez obtenemos puntos comunes a los tres.

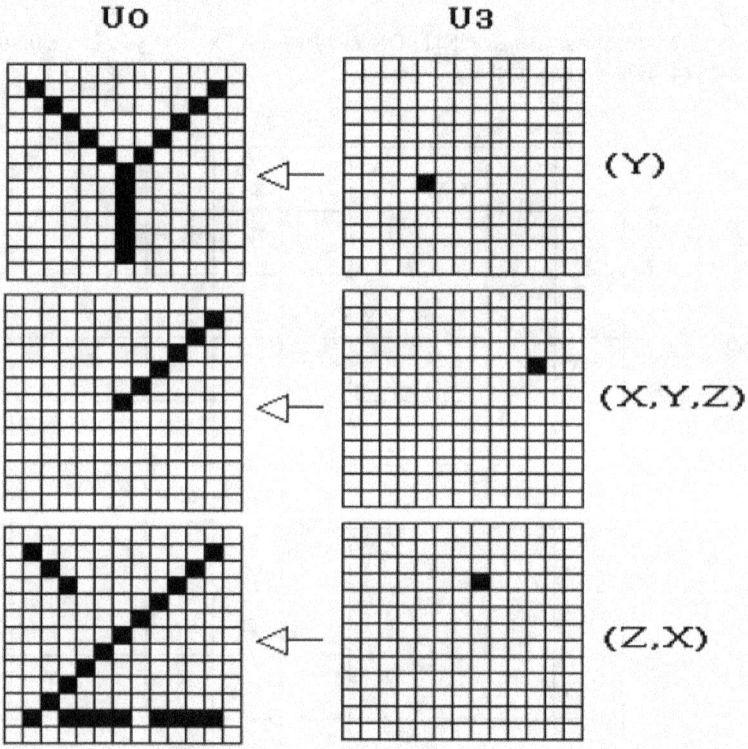

Ilustr. 3.26 -Ejemplo de reproducción de una figura a partir de un único punto de la capa

tres, las letras entre paréntesis indican aquellas que activaron esa célula.

De esta forma podemos ver que, para poder aseverar que tenemos un carácter en la entrada, es necesario comprobar que en la salida tengamos un numero suficiente de células activadas que nos permita identificarlo sin error.

Todas estas explicaciones han descrito cómo es y cómo funciona el COGNITRON y el NEOCOGNITRON I, actualmente Fukushima ha trabajado intensamente en la mejora de su red y ha llegado al que he venido a denominar el NEOCOGNITRON II, cuyo esquema se puede ver en la figura 3.27, donde se muestra una célula de cada clase por capa, pero hay que tener en cuenta que cada capa es una matriz de dos dimensiones formada por una muy compleja red de conexiones que interconectan todas estas células.

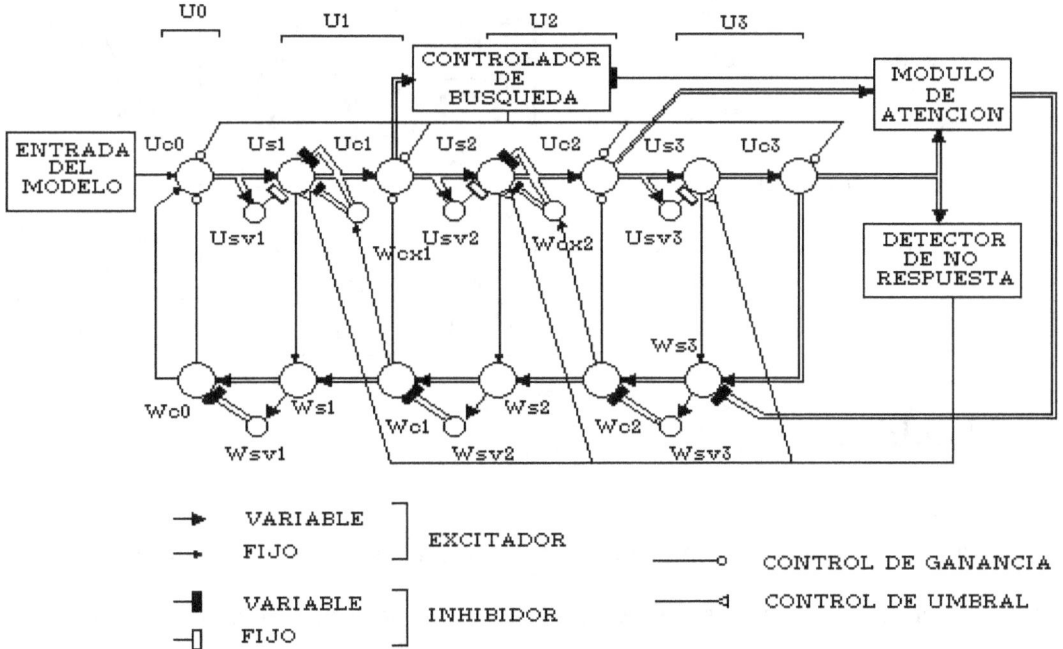

Ilustr. 3.27 –Esquema del Neocognitron II

3.3.3.1-El NEOCOGNITRON

II.

En esta sección se va ha explicar cómo se consiguen reconocer caracteres con ruido. Esta mejora es parte del primer NEOCOGNITRON pero se explicara conjuntamente con el segundo NEOCOGNITRON, véase para mas información [FUKU89] y [FUKU92].

Como vemos en la figura 3.27 aparecen nuevos tipos de células que denotaremos por los tipos W, estas son las encargadas de controlar el ruido y la atención selectiva.

3.3.3.1.1-Ruido.

Cuando obtenemos una imagen con ruido o que este incompleta la red falla a la hora de extraer una imagen, la señal de vuelta (a través de células Ws, Ws, y Wsv) es la encargada de solucionar el problema, siempre detecta la parte que se pierde, aun cuando no exista ninguna señal en la capa que debería proporcionarla. Un proceso que es posible gracias a que existe una señal de retorno hacia la capa U0 a través de células W, y esta señal no podrá ir mas allá de la capa donde existe la falta de algún tramo del carácter, lo que hace en este caso es disminuir la señal de umbral de la célula (señal de disparo) bajándola para que así señales menores puedan activarla (este remedio serviría para en escritura manual cuando hay trazos de distinta cantidad de tinta), si aun esto no hay salida se llega a que este umbral sea cero quedando estas células disparadas aun sin existir entrada a ellas.

En la figura 3.28 se pueden ver una serie de caracteres alfanuméricos usados por Fukushima para probar su red, la cual es capaz de reconocerlos sin problemas. Observese cómo con altos indices de degradación del caracter, su identificación es positiva.

3.3.3.1.2-Atención selectiva.

La otra mejora introducida es la posibilidad de darle un texto y que la red se encargue de separar los caracteres y reconocerlos, para conseguirlo introdujo las células Wcx, las cuales se encargan de controlar la ganancia de las células Uc.

Cuando una célula Wc se activa manda una señal a la correspondiente célula Uc para que incremente su ganancia, cómo solo existen señales de vuelta cuando una carácter es reconocido (o una parte de él) sólo las partes identificadas son favorecidas con este incremento.

El controlador de búsqueda es usado para limitar la zona de búsqueda y centrarla en un carácter, cada vez que encuentra uno aumenta la ganancia de las células que lo manejan y la disminuye en el resto, también se encarga de, una vez reconocido el carácter mover la zona y situarla sobre el siguiente carácter a tratar (todas las células Uc reciben señales de control de ganancia excepto la de la última capa, en la figura 3.27 Uc3).

Cuando tienen que cambiar la zona de búsqueda la mueve hacia aquella en la que existan mas células Uc1 activadas, y ajusta el tamaño para que solo pueda caber un carácter, cómo los bordes no son perfectos en la escritura manual, algún trazo de otro carácter contíguo podría mezclarse, pero no da problema ya que es tratado cómo si fuera ruido o distorsión del carácter a tratar, y por tanto desechado.

Al incrementar la ganancia de las células y para facilitar que pudieran tratarse caracteres consecutivamente, Fukushima introdujo la fatiga de la célula, que consiste en que, después de una gran ganancia sólo puede mantenerla mientras exista una fuerte señal de control de la ganancia, cuando ésta desaparece la ganancia de la célula baja a unos niveles mínimos y tarda un tiempo determinado en recuperarse, normalmente largo, esto se hace para permitir que tenga tiempo de tratar el resto de los caracteres del texto y no se repita ninguno.

Ahora sólo nos queda por conocer cuando debe cambiar de carácter, lo que se producirá cuando se satisfagan las dos siguientes condiciones:

a)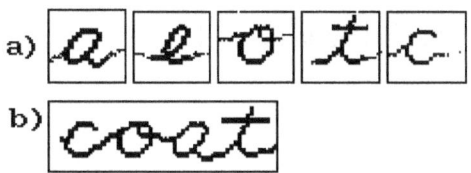

b)

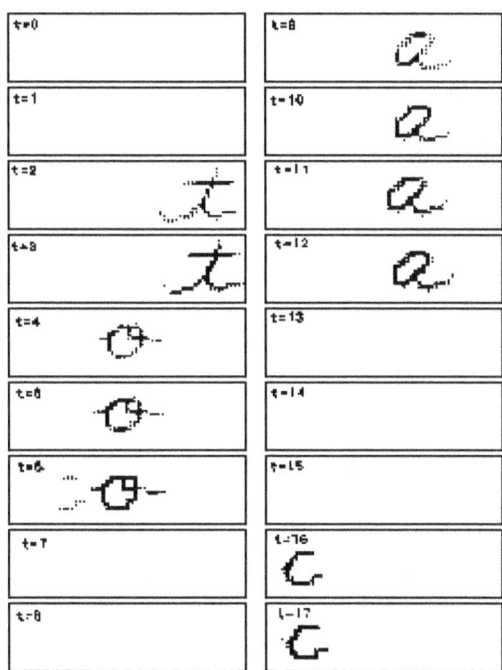

c)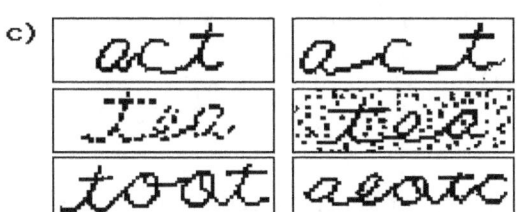

Ilustr. 3.29- Ejemplo de textos que puede tratar el NEOCOGNITRON II, en a) los caracteres usados, en b) el proceso secuencial de reconocimiento, y en c) otros ejemplos.

1) Solo debe de haber activada una célula en la capa superior.

2) La actividad existente en la capa Uc final debe de ser estable.

Cuando se cumplan estas dos condiciones se envía una señal al modulo de atención que hace que se corten las señales de control de ganancia por un corto período de tiempo, pero suficiente para que se de la fatiga en las células.

3.3.4-El DIGI-NEOCOGNITRON.

Como ya se ha mencionada antes, el NEOCOGNITRON es analógico con los problemas que conlleva su adaptación al mundo digital tan presente hoy en día, debido a esto Brian A. White y Mohamed I. Elmasry crearon este modelo [WHIT92]. En este apartado no se va a explicar su funcionamiento, sino únicamente se pretende proporcionar una primera aproximación al mismo.

Los autores de esta versión digital dieron una seria de motivos que apoyaban la realización digital de las redes neuronales, y son:

1- En las aplicaciones reales, las redes neuronales están incluidas en el hard o soft digital que actualmente existe.

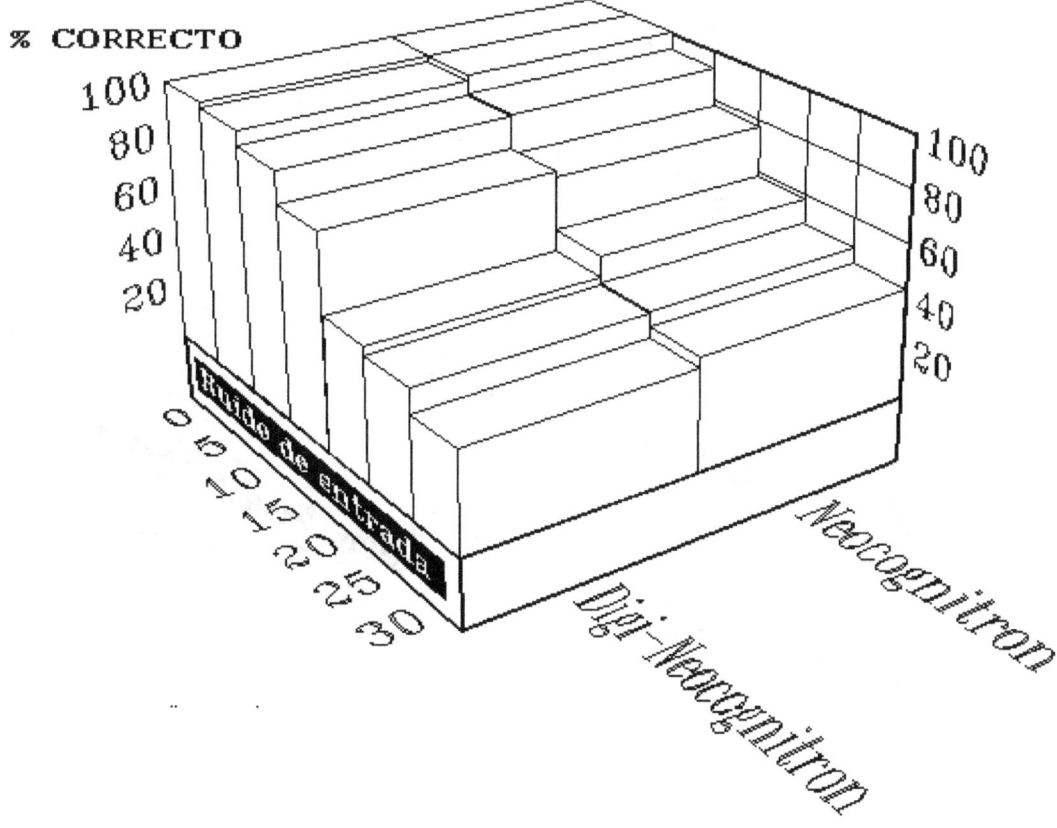

Ilustr. 3.30 -Comparación entre el DIGI_NEOCOGNITRON y el NEOCOGNITRON I en función del ruido de entrada.

2- Las aplicaciones del mundo real requieren de grandes redes de mas de 10.000 neuronas.

3- Las grandes redes son más comúnmente implementadas en varios integrados,

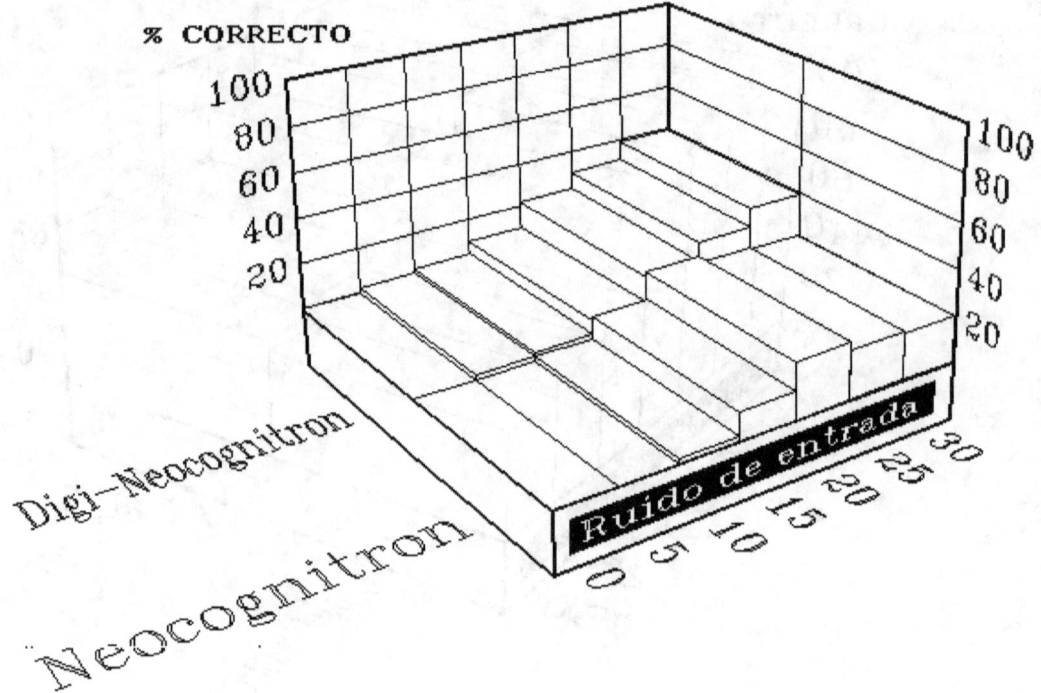

Ilustr. 3.31 -Comparación de ambas redes, identificación incorrecta en función del ruido de entrada.

4- La implementación digital ofrece un entorno homogéneo entre los elementos de proceso y los de almacenamiento.

En las figuras 3.30 y 3.31 se presentan dos gráficas comparativas de las versiones digital y analógica, ambas en relación al ruido de entrada que contenga la imagen.

Capítulo 4.

Implementación.

4.1-Introducción.

En este capítulo se explicarán los métodos usados para la realización del proyecto. Cómo ya se explicó en la introducción, este consta de tres fases, la primera es un reconocedor de formas basado en el ART1, que trabaja únicamente con la estructura externa de los objetos (con sus bordes); la segunda fase trata con el cromatismo de la figura, obteniendo su histograma de color (en este caso 16 tonos de grises) siendo estos valores la entrada a una red neuronal del tipo ART2 del que la salida será un valor que indica el tipo de histograma, la realización de la tercera fase es mas compleja ya que se encarga de extraer una serie de características que nos sirvan para poder diferenciar objetos que tanto en forma como en su histograma de color sean iguales, los únicos datos que se obtienen en esta tercera fase consisten en dos pares de valores para cada objeto que nos indican: el primer par, la distribución del color existente en el objeto, y el segundo par, una indicación de la existencia y colocación de los bordes internos, su forma de obtención y funcionamiento se explicara mas ampliamente en el apartado de la fase 30.

Estos seis valores (salida del ART1, bordes; salida del ART2, histogramas; primer par de valores, distribución del color; segundo par de valores, bordes internos) al unirse forman el llamado vector de características, que será la entrada a otra red

ART2, encargada de categorizar y reconocer los objetos

4.2-Fase 1.Reconocedor de formas.

Como ya se ha dicho, esta fase es un reconocedor de formas, que teniendo como entrada una imagen en un fichero con formato PCX, realiza el tratamiento necesario para en principio identificar el numero de objetos que hay en la imagen, delimitar sus contornos y crear las categorías necesarias para su memorización.

Se puede dividir en tres grandes bloques, el primero se encarga de segmentar la imagen y hallar todos los objetos que contenga. Para realizar esta labor existen varios métodos basados en la transformada de Fourier, o en la transformada de Hartley, estos permiten obtener el centro de masas de una imagen. Para escenas que contengan un solo elemento el rendimiento es muy aceptable, pero cuando el numero de estos puede ser variable, y su disposición aleatoria, se plantean ciertos problemas en su aplicación, incluyendo el del tiempo de ejecución, que en un PC seria excesivo. Por estos motivos se descarto, desarrollándose un método propio que se explicara en el apartado 4.2.1, el cual solventaba estos problemas.

El segundo bloque es la extracción de bordes, para obtener los datos de entrada del ART1 (imagen con los bordes del objeto), se eligió el algoritmo de Sobel debido a su expléndida relación sencillez/eficacia. Hay que mencionar que la posibilidad de usar la esqueletonización como refuerzo, fue muy considerada debido al notable incremento de éxito en el reconocimiento que conllevaría. No se ha descartado que en ampliaciones futuras se emplee para remediar los posibles fallos del método elegido, ya que con la forma y esqueleto de un objeto se obtendrá un grado mayor de éxito en la identificación.

El tercer bloque es el de la red neuronal, para la cual en principio existían dos modelos de redes como candidatos, el ART1 y el neocognitron, ambos por su ya probada buena adaptación en la tarea del reconocimiento de formas. Las razones que motivaron la elección del ART1 se explican en el apartado 4.2.3.

4.2.1-Segmentación.

El trabajo con escenas conseguidas mediante cualquier método, escaner, fotografía, video, etc, nos da como resultado una imagen sobre la cual podemos empezar a realizar el tratamiento computacional que nos lleve a identificar los distintos objetos que la componen, el primer paso para conseguir esta meta es poder discernir cuantos elementos hay en ella, y para ello hemos de segmentarla en secciones donde cada una contenga un único elemento, esta tarea puede complicarse notoriamente en el caso de que dos objetos, o más de dos, se encuentren superpuestos. En este trabajo esta ultima posibilidad ha sido descartada, y por tanto no tratada.

Para realizar la segmentación se realizo un algoritmo de diseño propio basado en el calculo del centro de gravedad de la imagen, para a partir de ir dividiendola hasta que en cada bloque quede englobado un unico objeto. El paso previo es determinar el color del fondo, para así saber cuando un punto pertenece a un objeto, discernir este color no es sencillo, ya que según sea la imagen nos podremos encontrar en alguno de estos casos.

11- El color del fondo es el mayoritario, caso usual. Entonces se haya calculando el histograma de los colores, y el fondo será aquel color que obtenga un valor mayor.

21- El color del fondo no es predominante respecto de los demás, este es el caso que se da cuando existen muchos objetos en la escena, o los que hay son muy grandes y monocromáticos. Una posible forma de solucionar este problema consiste en calcular el histograma de unas pequeñas áreas entorno a las esquinas, ya que en un alto tanto por ciento de los casos no habrá objetos cerca de estas.

31- El color de fondo es uno de los que menos existen en la imagen, cuando los objetos que haya ocupen casi toda la escena. En este caso se podría usar la solución anterior.

En la realización del proyecto se decidió que el fondo de todas las imágenes fuera el blanco ya que se considero que este problema quedaba fuera del ámbito de los objetivos pretendidos, pero con un pequeño modulo previo (de facil implementación) se solventaría, con lo que este paso se omite. Una vez obtenido el color de fondo, se pasa a calcular el centro de gravedad de la imagen (coordenadas minX,minY,maxX,maxY), este calculo se realiza para determinar el numero de objetos existente, cuando en una imagen, o en una porción de ella se halla el centro de gravedad, en caso de dar cero nos indica la ausencia de elementos, mientras que su existencia nos muestra la presencia de al menos uno. Para hallarlo se hace una exploración por todos los puntos de la imagen aplicándoles la función FONDO, que da TRUE si el pixel es del color del fondo, y si no FALSE

Se inician a cero dos variables C_x y C_y, teniendo por su parte X e Y los valores de las coordenadas de la esquina superior izquierda, se procede a aplicar la función FONDO a los puntos, incrementando la variable X hasta completar una línea horizontal, una vez llegado al extremo, a la variable X se le vuelve a dar su valor inicial (posición izquierda de la imagen) incrementando Y.

Mientras se pasa por cada pixel, se le aplica la función FONDO, que en caso de dar como resultado FALSE (es decir el punto no tiene el color del fondo, pertenece a un objeto) las variables Cx y CY se ven incrementadas por los valores de X e Y respectivamente. Este proceso se realiza hasta que se llegue a la ultima línea de la imagen (es decir Y llegue a su valor máximo),

Paso 1 - Cx y Cy se inicializan a 0.

Paso 2 - X e Y tienen las coordenadas de la esquina superior izquierda de la imagen.

Paso 3 - si FONDO (X,Y)= FALSE

$$Cx = Cx + X$$

$$Cy = Cy + Y$$

Paso 4 - incrementar X

Paso 5 - si X mayor valor máximo X = valor inicial e incrementar Y.

Paso 6 - Repetir pasos 3 a 5 hasta que Y sea mayor que el valor limite.

Una vez hallados Cx y Cy se dividen entre el número de puntos que no fueron fondo y de esta división se halla el valor de las coordenadas del centro de gravedad, CGx y CGy, de la imagen tratada.

$$CGx = Cx / \text{Numero de elementos}$$

[ECU 4.1]

CGy = Cy / Numero de elementos

Se halla el centro de gravedad del rectángulo (minX,minY,maxX,maxY), que en principio contendrán los valores de las coordenadas del rectángulo que englobe toda la imagen. Cuando obtenemos el centro de gravedad de esta, lo primero que se comprueba es el valor de la función FONDO aplicada en las coordenadas (CGx,CGy), si es TRUE, es decir el punto es del color del fondo, y procedemos a dividir la imagen en dos rectángulos.

Para averiguar cual división es mas eficaz, si la horizontal o la vertical, se hallan los centros de gravedad de las imágenes resultantes en las dos posibles particiones, obteniendo

dos centros de gravedad para cada posibilidad, a estos se les aplica la función FONDO, y se elige aquella división en la haya mas centros de gravedad que estén sobre un objeto (la que obtenga mas FALSE), y en caso de igualdad, se escoge la horizontal. Este modo de actuar viene motivado por la posibilidad que se muestra en la ilustración 4.2, ya se ha realizado la primera división y tenemos dos rectángulos para tratar, este ejemplo se explicara sobre la parte de la izquierda y suponiendo que la división de la imagen sea aleatoria. Cuando se halla el centro de gravedad se observa que cae sobre fondo, y si la partición se hiciera de manera horizontal, al tratar las dos subpartes creadas, veríamos que estaríamos en la misma situación que al empezar pero con una perdida de tiempo y de eficacia, pudiéndose dar el caso de una continua subdivisión horizontal de la imagen totalmente innecesaria. Al hacer la comprobación previa se solventa este problema ganando considerablemente en eficacia como muestra el conjunto de imágenes 4.1 4.2 4.3 y 4.4.

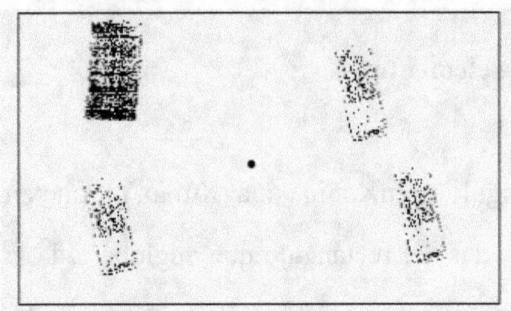

Ilustr. 4.1 -Imagen con cuatro mandos de video y centro de gravedad de la misma.

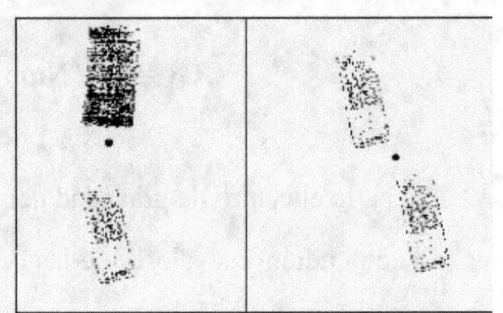

Ilustr. 4.2 - Una vez divida la imagen se hallan los centros de gravedad de cada nueva parcela.

Ilustr. 4.3 - Una vez terminadas las divisiones de la imagen se obtiene un punto por cada elemento que existe en la imagen.

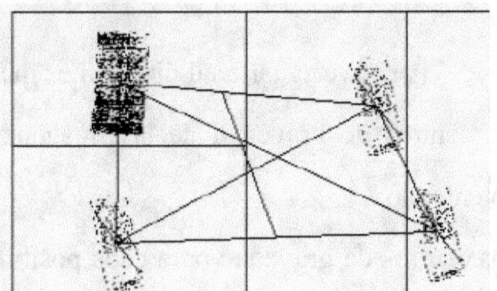

Ilustr. 4.4 - En esta imagen cada línea muestra una comprobación realizada entre dos puntos para ver si pertenecen al mismo objeto.

Si el resultado es FALSE, significa que el centro de gravedad está sobre un objeto, en esta caso se rastrea la imagen punto por punto, partiendo del centro de gravedad hallado, incrementando el contador de la coordenada X, hacia la derecha, hasta salir del objeto, y entonces hallar el centro de gravedad de la imagen de coordenadas (X,minY,maxX,maxY), el rectángulo formado desde el borde de la derecha del objeto hallado hasta el borde derecho de la imagen (o de la porción de la imagen tratada). Si diera como valor (0,0) indicaría que no hay ningún objeto a la derecha y se procedería a repetir la operación pero ahora disminuyendo la X y hallando el centro de gravedad de (minX,minY,X,maxY) desde el borde izquierdo del objeto hasta el borde izquierdo de la imagen (o de la porción de la imagen tratada), y posteriormente proceder de igual forma con el eje Y, incrementar y decrementar, arriba y abajo del objeto.

En caso de que alguno de estos centros de gravedad diese coordenadas distintas de cero, significaría que hay algún otro objeto, se procedería de igual forma que en el apartado anterior.

El proceso termina cuando ya no sea posible seguir subdividiendo ninguno de los recuadros en los que se halla segmentado la imagen. Este proceso, como salida, genera una lista que contiene un punto por cada elemento hallado (un punto esta formado por un par de coordenadas X,Y). Puede haber ocurrido, de hecho es lo normal, que un objeto haya quedado partido y tengamos en la lista mas de un punto para localizarlo, para solucionarlo se realiza una comprobación de los puntos.

Esta prueba consiste en intentar trazar una línea recta entre todos las combinaciones posibles de pares de puntos, si A y B son dos puntos hallados en el paso anterior, se intenta trazar una línea recta entre ellos, si al dibujarla alguno de los puntos de esta se escribe sobre algún pixel cuyo color es fondo, se supone que son puntos que pertenecen a dos objetos distintos y se dejan en la lista de objetos hallados, pero si al dibujarla no se pasa por ningún pixel que sea del color del fondo, se supone que pertenecen al mismo objeto, y se elimina uno de ellos dos, por defecto siempre el segundo, en este caso se borraría B.

Las ilustraciones 4.1 a 4.4 muestran este proceso, la ilustración 4.1 contiene el centro de gravedad hallado queda situado sobre el fondo, y por lo tanto la imagen se divide con una
línea vertical, la ilustración 4.2 contiene los centros de gravedad hallados para ambos recuadros, la figura 4.3, esta el momento final de la división, y en la 4.4, las líneas de comprobación entre todos los puntos hallados.

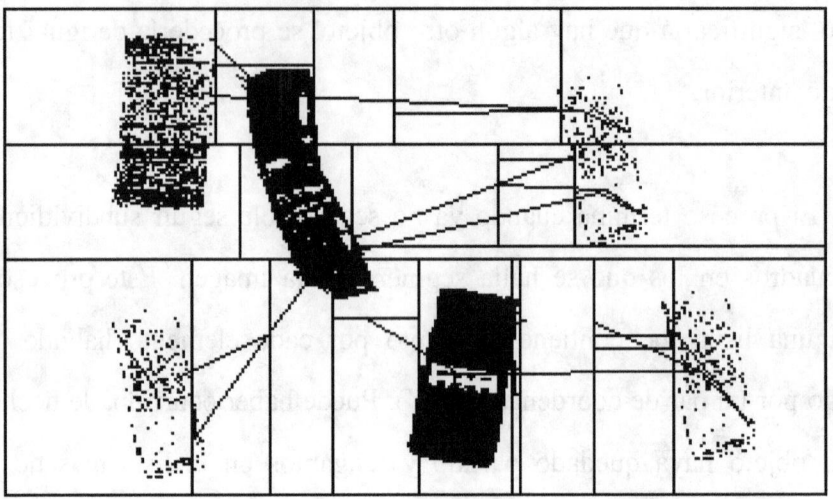

Ilustr. 4.5 - Resultado de la segmentación en una imagen mas compleja, obsérvese

que para un objeto se obtiene mas de un punto.

En las figuras 4.5 y 4.6 podemos observar un caso más complejo, en la imagen 4.5 podemos ver la segmentación que ha realizado y comprobar que, para algunos objetos, nos da mas de un punto, este fallo queda subsanado al realizar las comprobaciones (ilustración 4.6) en las que tan solo quedara un punto por cada objeto que existiese en la imagen de entrada.

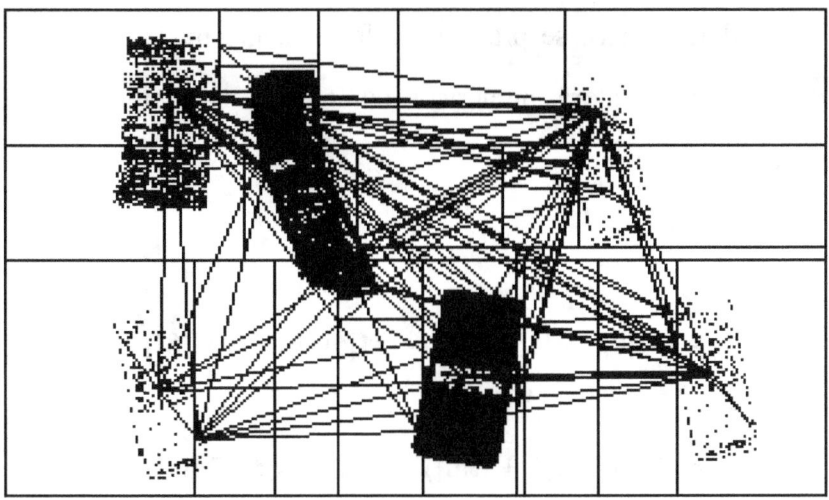

Ilustr. 4.6 - Comprobación entre todos los puntos hallados en la segmentación.

4.2.2-Bordes.

Una vez que hemos conseguido saber cuántos objetos existen, uno por cada punto que exista en la lista de objetos hallados, y dónde se encuentran localizados, cada par de coordenadas que representa un punto, el siguiente paso es averiguar cuales son sus dimensiones. Para calcularlas primero que hemos de hacer es delimitar los bordes de cada objeto aplicando a la imagen entera el algoritmo de Sobel (descrito en el capitulo 2 apartado 2.4.1).

Este se ha aplicado de la siguiente manera. Para saber si un punto forma parte de algún borde de un objeto, ya sea un borde interno o externo, téngase en cuenta que la manera usual de definir un borde consiste en aquella zona de la imagen en la cual la diferencia de cromatismo es notoria, procurando que las distorsiones generadas por variaciones de brillo y contraste no

0	1	2
3	4	5
6	7	8

Ilustr. 4.7 - Matriz formada por los vecinos a un punto central marcado con 4.

alteren el resultado final), se procede de la siguiente manera, primero se llena una matriz de 3x3 con los valores numéricos del color de los vecinos al punto y se calculan las siguientes operaciones.

$$d1 = (M[0]+M[1]+M[2]) - (M[6]+M[7]+M[8])$$

$$d2 = (M[0]+M[3]+M[6]) - (M[2]+M[5]+M[8])$$

$$d3 = (M[0]+M[1]+M[3]) - (M[5]+M[7]+M[8]) \qquad [\ ECU - 4.2\ ]$$

$$d4 = (M[3]+M[6]+M[7]) - (M[1]+M[2]+M[5])$$

$$d5 = abs(d1) + abs(d2) + abs(d3) + abs(d4)$$

Donde M[0] a M[8] son variables que contiene el valor numérico del color del punto respectivo, d1 a d4 son resultados intermedios, abs(di) es el valor absoluto de di, y d5 es el resultado final.

Como valor de umbral se ha escogido 20, tras varias pruebas donde se comprobó que para un conjunto de 16 colores (tonos de grises) era el mas eficaz.

Tras hallar d5 para un punto, este será borde, dibujara en blanco en la imagen que solo contiene los bordes, si este valor supera al valor de umbral, en caso contrario, menor o igual, se dibujara como negro.

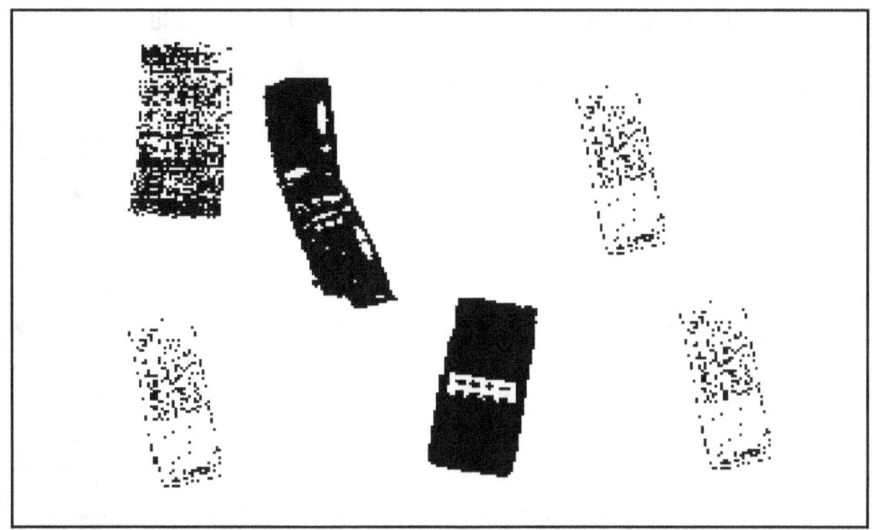

Ilustr. 4.8 - Imagen de 6 mandos de video.

Ilustr. 4.9 - Bordes de la imagen vista en 4.8.

Con este método se genera otra escena en la cual toda ella es negra excepto los puntos que se determinaron como bordes, que aparecen dibujados en blanco.

Las figuras 4.8 y 4.9 muestran como funciona la implementación realizada del algoritmo de Sobel con el valor de umbral de 20.

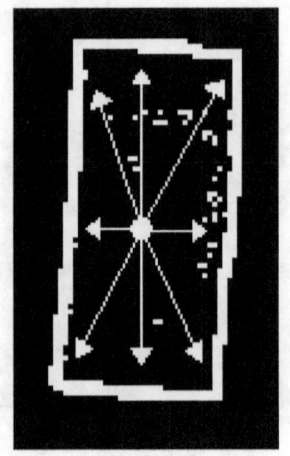

Ahora tenemos por cada objeto un punto en la lista de objetos hallados, recuérdese que un punto es un par de coordenadas (X,Y), y los bordes de la imagen completa. Con cada punto de la lista, partiendo desde las incrementamos estas

Ilustr. 4.10 - Partiendo del punto del objeto, se va en las 8 irecciones siguiendo por el borde mientras sea posible.

hacia arriba hasta llegar al borde, una vez en el tomamos la primera dirección posible (arriba, abajo, derecha, izquierda) y la seguimos sin salir del borde, siguiendo sus limites mientras sea posible, cuando ya no se pueda continuar se repite con las otras direcciones, al terminar con estas volvemos al punto inicial (coordenadas marcadas por el punto de la lista de objetos hallados) y repetimos el proceso siguiendo las trayectorias que muestra la figura 4.10 primero hacia arriba, la que hemos descrito como ejemplo, y posteriormente siguiendo el sentido de las agujas del reloj con el resto.

Existen unas variables menorX, menorY, mayorX, mayorY, que se inicializan las variables que terminan en X con el valor del coordenada X del punto de la lista de objetos hallados, y las que terminan en Y con la coordenada Y, mientras se realiza este rastreo estas variables van alterando sus valores de tal manera que al terminar este proceso se obtiene una lista con un elemento por cada objeto, estando cada elemento

Ilustr. 4.11 - Imagen real para buscar sus bordes.

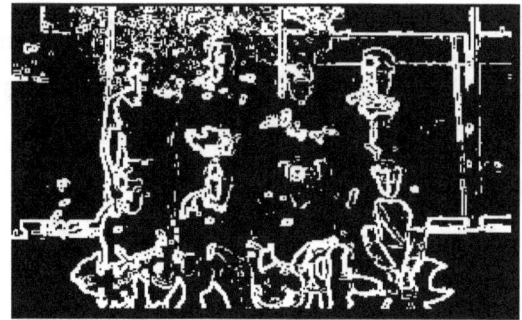

Ilustr. 4.12 - Bordes hallados para la imagen de la ilustración 4.11.

formado por cuatro valores, los cuales se usan para crear un rectángulo determinado por esas coordenadas (menorX, menorY, mayorX, mayorY), que envuelva al objeto en tratamiento y así poder extraer de la imagen global una porción de ella que lo contenga.

Esta porción de la imagen mediante previa reducción o ampliación para dejarla en un cuadrado de 40 pixel de lado, será la entrada a la red neuronal que se encargue de memorizar las distintas formas halladas.

Como ejemplos del funcionamiento del detector de bordes con figuras más complejas se muestran las figuras 4.11 y 4.12. La primera contiene la imagen de una foto y en la segunda los bordes hallados al aplicarle el algoritmo de Sobel.

4.2.3-Red neuronal.

Para la realización del proceso de asociación y memorización era, en primer lugar, necesaria una red que se encargase de clasificar e identificar las formas de los objetos, para desempeñar esta labor había dos buenos candidatos, el neocognitron de K. Fukushima, con sus importantes ventajas de reconocimiento independiente de tamaño y posición, y el ART1 de S. Grossberg, con la ventaja de su mejor implementación (menor uso de memoria factor muy importante en un PC, mayor velocidad de respuesta al requerir menos nodos, etc.), así como sus buenas características de funcionamiento, pero con el grave defecto ante el escalado y la rotación de la imagen.

La elección se decantó hacia el ART1, principalmente porque el problema del escalado de las imágenes se podría solucionar fácilmente mediante una reducción/ampliación del objeto en tratamiento, aunque este proceso implique una distorsión de la información. Por su parte, el problema de la rotación se queda sin solucionar (ya que la posibilidad de realizar rotaciones y comprobar si alguna de ellas servía para la identificación se descarto prontamente debido al alto costo computacional que exigiría).

En la elección también fue muy importante el hecho de que para hacer un neocognitron, era necesario disponer de al menos 500 neuronas (número mínimo, pues probablemente se necesitaría el doble o el triple de esa cifra) con los graves problemas que dicha implementación generaría en un PC.

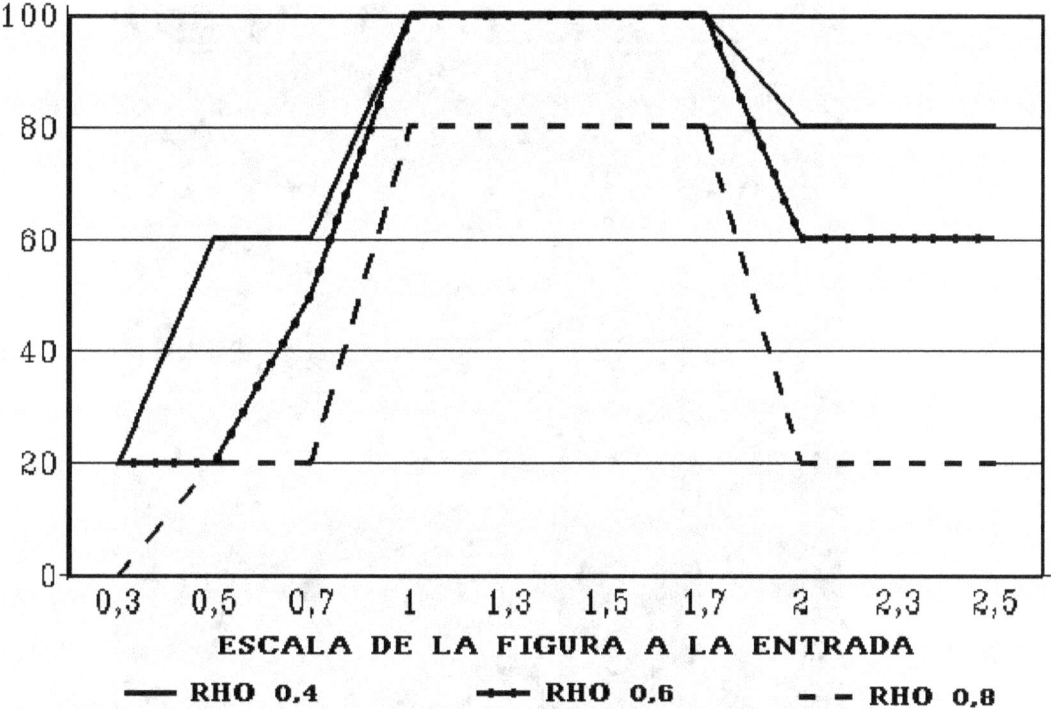

Ilustr. 4.13- En el eje Y esta el tanto por ciento de éxito en el reconocimiento de un objeto, en el eje x se muestra la escala a la que se entrada.

Como ya se ha dicho la entrada al ART1 (reconocedor de formas), es una imagen de 40x40 pixels, donde cada pixel contiene el valor numérico correspondiente a su color, recuérdese que es una escala del negro al blanco en 16 tonos, donde el negro vale 0 y el blanco 15, siendo los demás valores tonos de grises, conteniendo únicamente los bordes hallados para el objeto que representa, como la imagen ha tenido que modificar su tamaño para adaptarse al formato exigido para poder ser tratada por la red neuronal, la primera consecuencia que conlleva es que a imágenes idénticas, pero de diferentes tamaños, no es segura su correcta identificación.

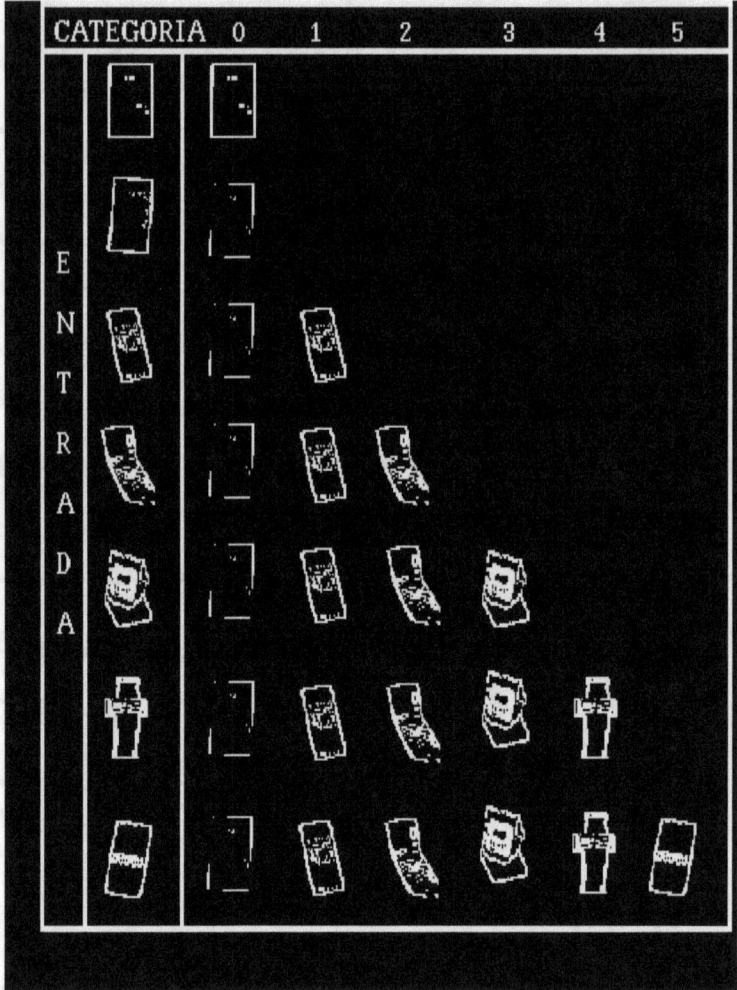

Ilustr. 4.14 -Conjunto de entradas que se le presentan a la red, respuestas que da y categorías que crea.

La ilustración 4.13 contiene una gráfica con los resultados obtenidos al presentar a la entrada un grupo de objetos a varias escalas y con distintos valores del factor de vigilancia RHO. Primero se presenta a escala 1, que es el tamaño mas próximo a 40x40 pixels, y tomando este como referencia se procede a aumentar/reducir y obtener así un escalado de la imagen que poder usar en las pruebas. Se observa que, a escalas menores el nivel de acierto es muy bajo, mientras que si se incrementa ésta el nivel acierto es superior.

El ART1 creado para este proceso sigue fielmente el diseño de grossberg excepto en la conexión entre las capas F1 y F2, ya que tiene un único peso conectando cada nodo de F1 con cada neurona en F2, no existiendo, por tanto, los pesos de subida y de bajada, sino un único peso que cumple las funciones de estos, esta modificación se hizo al notar que para este proyecto un único peso cumplía perfectamente con la labor exigida. Las ecuaciones que han sido modificadas se muestran a continuación, para el resto de las fórmulas consúltese el capítulo 3.2.5.1.

Siendo
$$X \overset{\circ}{=} (x_1, x_2, ..., x_n)$$

el vector de la subcapa X,
$$I \overset{\circ}{=} (i_1, i_2, ..., i_n)$$

el vector de la subcapa I en F1,
$$B \overset{\circ}{=} (b_1, b_2, ..., b_n)$$

el vector de la subcapa B, estas tres en la capa F1 y donde n es el número de elementos,
$$H \overset{\circ}{=} (h_1, h_2, ..., h_m)$$

el conjunto de nodos de la capa F2 y
$$P_{ij} \overset{\circ}{=} (P_{1j}, P_{2j}, ..., P_{nj})$$

el conjunto de pesos que unen el vector B de la capa F1 con el nodo j en F2.

La ecuación 4.3 muestra la fórmula usada para que la señal existente en la subcapa B de F1 llegue a cada nodo en F2, conviene recordar que esta ecuación se aplica únicamente para $j = (1,2,...,NUM\text{-}CAT)$, donde NUM-CAT es el numero de elementos de F2 activos, es decir, el numero de categorías creadas hasta ese momento.

$$h_j = \sum_{i=1}^{n} b_i * P_{ij} \qquad [ECU\text{-}4.3]$$

En lo que respecta a las ecuaciones para la actualización de los pesos que unen F1 y F2 son las siguientes: cuando ha de crear una categoría usa aprendizaje rápido siguiendo la fórmula de la ecuación 4.4.

$$P_{ij} = \begin{pmatrix} 1 & Si\ x_i = 1\ y\ h_j\ es\ la\ categoria\ creada \\ 1-\delta & Si\ x_i = 0\ y\ h_j\ es\ la\ categoria\ creada \end{pmatrix} \qquad [ECU\text{-}4.4]$$

Y cuando una categoría es seleccionada de entre las ya existentes, la ecuación 4.5 contiene la fórmula aplicada. Por tanto el aprendizaje será lento o rápido dependiendo del valor que se de a la constante δ y que siempre positivo.

$$P_{ij} = \begin{pmatrix} P_{ij}-\delta & Si\ i_i = 0\ y\ h_j\ es\ la\ categoria\ elegida \\ P_{ij}+\delta & Si\ i_i = 1\ y\ h_j\ es\ la\ categoria\ elegida \end{pmatrix} \qquad [ECU\text{-}4.5]$$

Quedando el resto de los valores de las categorías no elegidas inalterados.

Como ya se menciono anteriormente en este mismo capítulo, la entrada a la red es una matriz de 40x40 pixels, esto implica que el numero de elementos n sea de 1600, lo que nos da por tanto que el número total de pesos en toda la red sea de $1600*m$ (donde m es el número de categorías creadas). Este alto número de valores hizo aconsejable que residieran en memoria secundaria (unidad de disco duro) en lugar de guardarlos en memoria principal, liberando esta para otras tareas, con la consiguiente ralentización del programa pero con la ventaja de quedar incorrupto el sistema ante una caída del ordenador (por bloqueo, por falta de tensión, u otras causas). Esta contingencia forzó la estructura que tendría la competición de los nodos de la capa F2. Así cuando se ha llenado B se realiza la subida de estos valores hacia F2 para h_j con j=(1,2,...,m), se lleva a cabo la competición quedando en un vector matriz[] de longitud *m* los nodos ordenados en función de los resultados de la competición (según su posibilidad de éxito en reconocer el patrón de la entrada), de tal forma que se cumple que $h_{matriz[x-1]} > h_{matriz[x]} > h_{matriz[x+1]}$, respondiendo el nodo $h_{matriz[0]}$, y si se produce un reset (que la categoría de respuesta no sea aceptada como valida) se incrementa el índice del vector matriz y se repite el proceso de comparación hasta llegar a un éxito o a la creación de una nueva categoría.

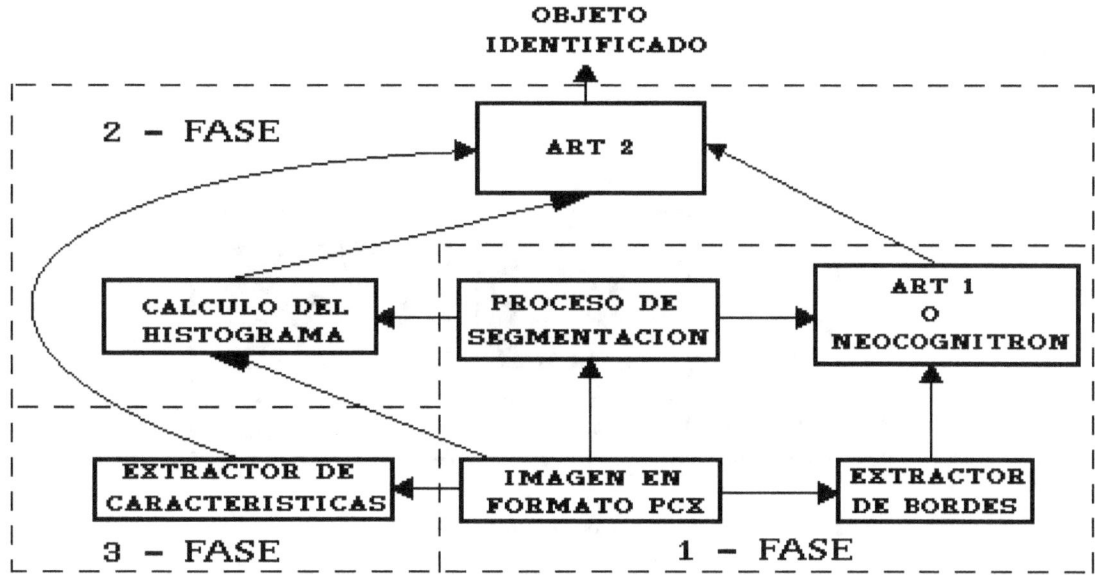

Ilustr. 4.15-Distintas fases a la hora de realizar la implementación.

4.3-Fase 2.Cromatismo de los objetos.

Esta fase, la segunda siguiendo el esquema mostrado en la ilustración 4.15, se puede dividir en dos bloques: el encargado del calculo de los histogramas y el de la red neuronal.

Existen dos posibles formas de hacer este mecanismo, una de ellas consiste en que el ART2 reciba como entrada un vector de dos campos, donde el primero contendrá la forma del objeto, que es un número que indica cuál es la categoría que le ha asignado el ART1, el otro campo procederá de la salida de un ART2 que se encargue de tratar con los diferentes histogramas, proporcionando un numero que será la categoría de respuesta.

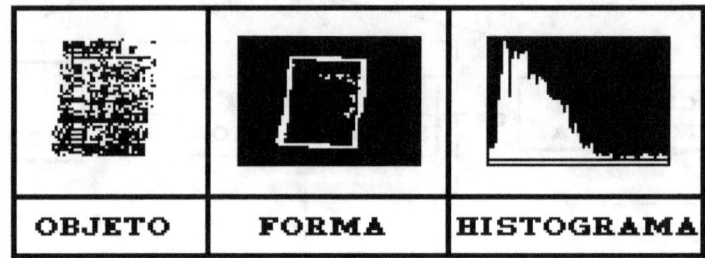

Ilustr. 4.16-Ejemplo del vector de entrada al ART2.

La otra estructura es aquella en la que un único ART2 tendrá también como entrada dos campos, el primero no varia y es idéntico a la estructura anterior, por su parte, el segundo campo será el histograma hallado para la porción de imagen donde está situado el objeto que es tratado actualmente, la figura 4.16 contiene un ejemplo de este vector.

Esta segunda configuración plantea un problema de compleja solución, a la hora de calcular el valor que nos sirva para saber si hemos de hacer o no un reset (validar la respuesta de la red en función de la entrada) tendríamos que afinar mucho en su calculo para evitar que los valores del histograma falsearan el resultado final.

Como los histogramas hallados provienen de imágenes con 16 tonos de gris, con lo que el segundo campo estará formado por un conjunto de 16 valores, otra posibilidad desarrollada por el autor de este proyecto consiste en que los histogramas deberían recibir un tratamiento previo (incremento del número y tipo de subcapas en F1) por parte del ART2 que los llevará a un único valor, que al juntarse con el del primer campo (respuesta del ART1) sirva para hacer un reset.

La figura 4.17 contiene un ejemplo de este sistema, en el que existen una capa previa F0 que se encargaría de tratar los histogramas, esta se compone de 4 subcapas, la I que

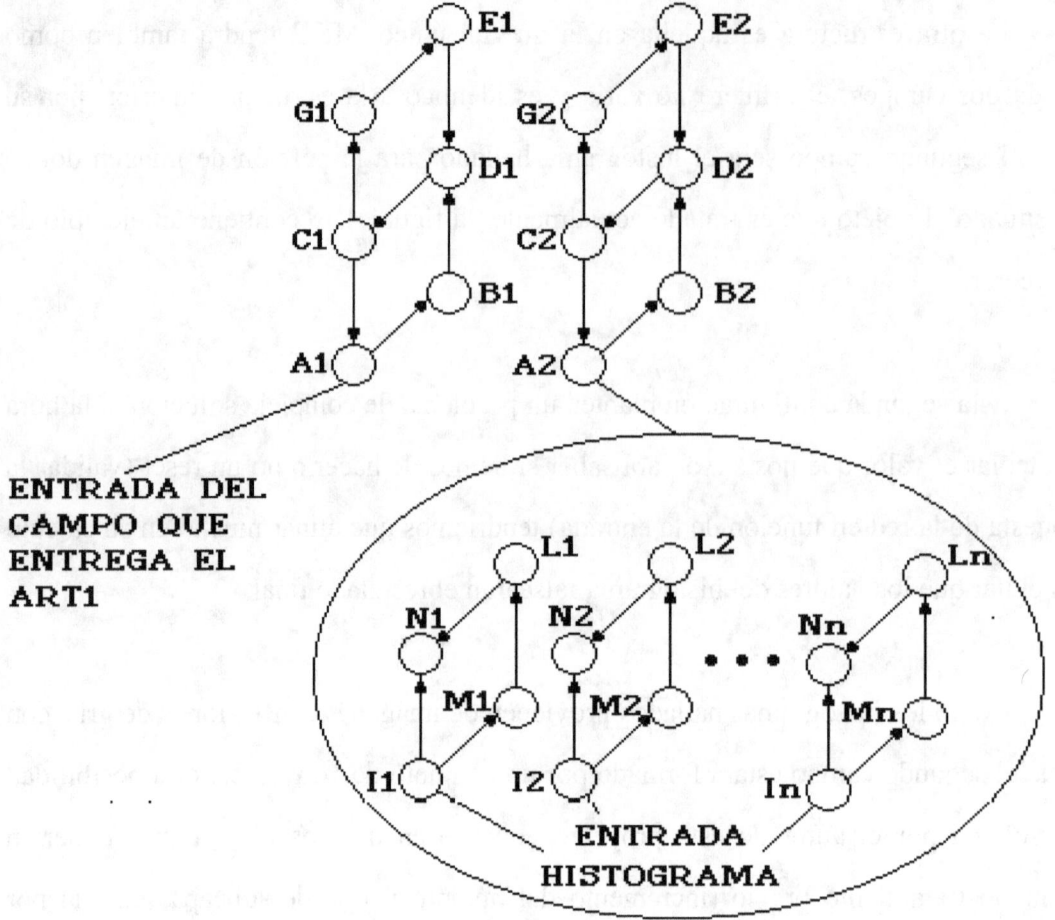

contiene los valores de entrada, la subcapa M que recibe los valores de I normalizados con la ecuación 4.6, la subcapa L que recibe los datos de M mediante la ecuación 4.7.

$$M_i = \frac{K_1 * I_i}{\|I\|} \qquad [ECU-4.6]$$

$$L_i = M^2_{\cdot i} \qquad [ECU-4.7]$$

La subcapa final, la N, se rellena a partir de las subcapas I y N con la ecuación 4.8.

$$N_i = \frac{K_2 * I_i}{\|I\|} + K_3 * L_i \qquad [ECU-4.8]$$

Donde
$K_1, K_2, K_3 \ y \ K_4$

Son constantes de ajuste y su valor dependerá del rango de los valores a la entrada.

Cuando los datos de entrada han fluido por la capa F0 se calcula un vector R cuyas componentes se hallan a partir de la ecuación 4.9.

$$R_i = \frac{N_i - K_4 * L_i}{\|N\| + K_4 * \|L\|} \qquad [ECU-4.9]$$

Este tipo de arquitectura de diseño propio está basado en la filosofía del ART2, habiendo elegido las ecuaciones que controlan su funcionamiento tras muy numerosos ensayos.

Del vector R hallaremos su norma, la cual será el valor de salida de la capa F0 hacia la F1. Mediante numerosas pruebas se ha llegado a la conclusión de que este valor (R) será el mismo para dos vectores de entrada A y B si cumplen alguna de estas condiciones;

11) Si cada componente de A cumple $a_i = b_i * K$.

21) Si ocurre que . $\qquad a_i = b_i + \dfrac{b_i}{K}$

31) En el caso de que las componente del vector A se obtengan de la componente del vector B mas una constante cualquiera $a_i=b_i+K_i$ el valor R será similar solo en el caso de que se cumpla la ecuación 4.10, siendo h el numero de constantes distintas,

$$K \text{ } (K_1,K_2,...,k_h)$$

el conjunto de las constantes y n_i el numero de veces que esa constante aparece,

$$j=\sum_{i=0}^{h} n_i$$

$j=h,$j,$_{i=0}n_i$ el numero de elementos del vector B que es igual al del vector A.

$$\frac{\sum_{i=1}^{h} n_i * K_i}{\sum_{i=1}^{h} K_i^{n_i}} \approx \frac{\sum_{i=1}^{h} n_i * K_i}{\overline{K^j}} \qquad [ECU-4.10]$$

Estas formulas indican que es invariante el escalado de la imagen, a leves distorsiones, y a leves cambios de contraste y brillo.

El problema de este sistema es que, en definitiva, supone la creación de un filtro previo al ART2, tomando como entrada los 16 valores del histograma y darnos un valor como salida con un rendimiento muy aceptable.

Al final se eligio crear an ART2 que trabajase con los histogrmas, aunque a favor del filtro desarrollado estaban el que no precisaba de ningún acceso a disco al no tener que memorizar nada y su mayor velocidad de ejecución, pero se prefirio el ART2 ya que este aseguraba un 100% de existo en la categorización de los histogramas, ademas de que el grado extra de complejidad, en caso de querer hacer mejoras, nos podía llevar hasta el punto de llegar a hacer otro ART2 empotrado dentro del principal.

Otra posible opción en vez de usar otro ART2 es dar, como segundo campo, el campo donde entra el valor del histograma, algún valor que sea característico del conjunto de valores del histograma, al estar compuesto este por 16 valores se le podrían aplicar supuestos de origen estadístico.

Este valor podría ser la desviación típica (varianza) la ecuación 4.11 o el coeficiente de variación de Pearson, cuya fórmula se muestra en la ecuación 4.12. Donde X_i son los valores representados en el histograma (datos de entrada), $\overline{X}$ es la media aritmética y n es el número de valores que lo componen.

$$varianza = \frac{\sum_{i=0}^{n} (X_i - \overline{X})^2}{n} \qquad [ECU-4.11]$$

$$Coeficiente\ de\ Pearson = \frac{\sqrt{varianza}}{|\overline{X}|} \qquad [ECU-4.12]$$

Las pruebas que se realizaron usando estos valores dieron, que para un conjunto aleatorio de vectores de 16 campos, donde cada campo oscilaba entre 0 y 50, se obtenía un índice de reconocimiento, los valores de la varianza y del coeficiente de Pearson eran similares, del 68,5%, teniendo el grave incoveniente de que ante imagenes muy similares pero con variaciones ligeras de color, el resultado era negativo.

Al final la opción elegida ha sido la de realizar un ART2 independiente que se encargue de procesar los histogramas y darnos como salida la categoría elegida, la entrada no la componen los 16 valores numericos del histograma, estos se ponderan para que representen el tanto por ciento de su peso en el vector de 16 campos que es el histograma, de esta manera se consigue que sea invariante al escalado, a distorsines y a leves cambios de contraste, dando las pruebas realizadas, con esta alteración, un exito del 100% de reconocimiento. La obtención del histograma es muy simple, se tiene un vector de 16 campos que es el histograma, se recorrer la porción de la imagen elegida en la que se encuentra el objeto, y el valor numerico del pixel leido servira como indice dentro de este vector para incrementar en uno el campo referenciado, de tal manera que el valor que contenga el campo X nos indique cuantos puntos habia en la imagen con el color X. Una vez terminado este proceso se da el caso de el sumatorio de los 16 campos del vector no es numero constante, sino que diferira en función del tamaño del objeto, este problema se solventa al hacer el tanto por ciento como se explico en el parrafo anterior.

El ART2 usado es normal pero con la función de reset modificadada como sigue.

$$ F = \frac{G^5}{32 * C^5} \qquad [ECU-4.13] $$

Donde C y G se hallan siguiendo las formulas normales del ART2 de Grossberg.

4.4-Fase 3. Características de una imagen.

Hasta ahora se han usado dos importantes características para la interpretación de un objeto: la forma y el cromatismo, aunque éstas por sí solas no son suficientes para lograr una identificación plena, por lo que hay que incorporar otro tipo de datos que posibiliten su reconocimiento, como pueden ser su tacto, su olor, etc. Además existen objetos cuyas formas y cromatismos coinciden mientras que el resto de las propiedades descritas al ser específicamente suyas, permiten que los diferenciemos. Por ejemplo un melocotón y un albaricoque, ambos son esféricos y sus colores idénticos, pero el tacto y el sabor nos sirven para distinguirlos, ésta es la razón que nos obliga a extraer de las imágenes alguna

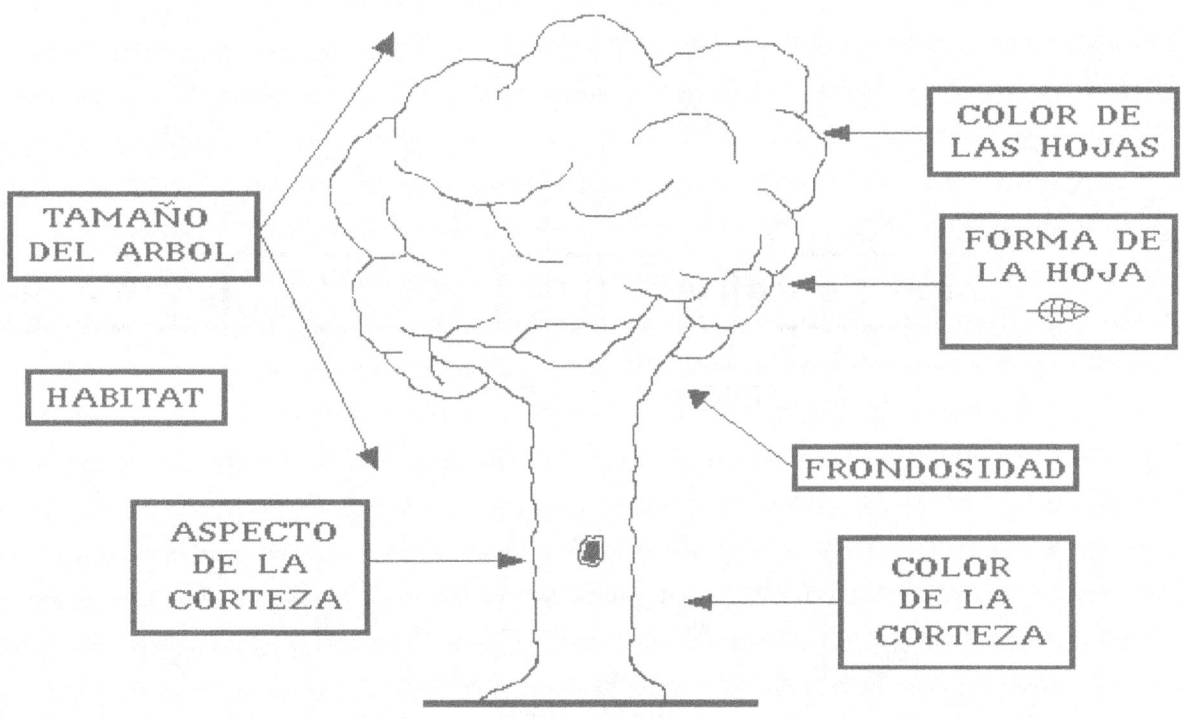

Ilustr. 4.18-Características de un árbol que se podrían usar para su reconocimiento

Características escogidas de un árbol y sus posibles valores.

Tamaño del árbol-Pequeño,mediano,grande.

Aspecto de la corteza-Lisa,rugosa,cuarteada.

Color de las hojas-Verde claro,verde manzana,verde intenso.

Forma de la hoja-Acicular,ovalada,aserrada,auriculada,lanceolada.

Frondosidad-Disperso,arracimado,denso.

Color de la corteza-Negra,marrón oscuro,marrón claro.

Hábitat-Húmedo,seco,pantanoso.

característica más. En la figura 4.18 podemos ver una serie de propiedades que podrían emplearse para reconocer un árbol, tanto de otras plantas parecidas, como de otros tipos

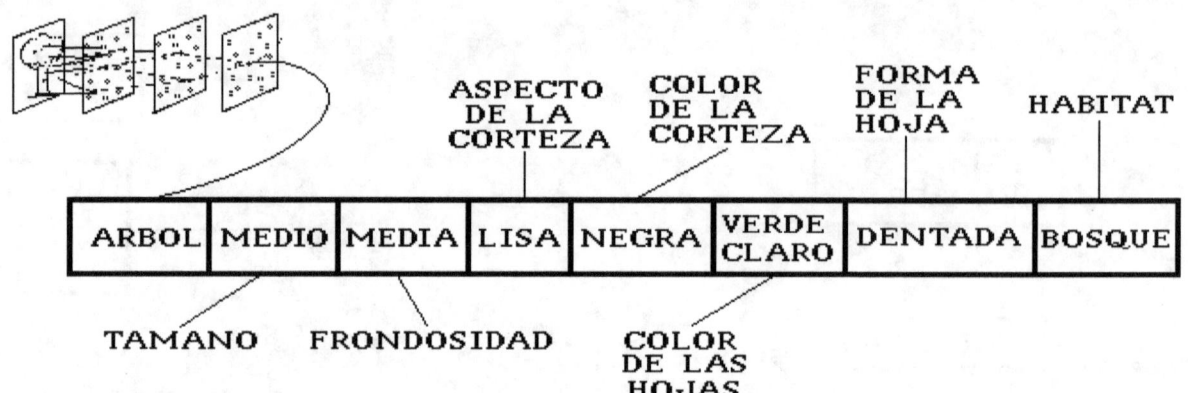

Ilustr. 4.19-Vector de propiedades para el reconocimiento de un árbol.

de árboles, Stephen Grossberg [WESC91] realizó una red neuronal que, basándose en 22 características tomadas de setas (incluye champiñones, níscalos,etc..), puede identificar el tipo que es y si es comestible.

Ya sabemos que debemos usar mas propiedades, pero ante este hecho surge una pregunta,) cómo juntarlas con las hasta ahora usadas?. Cuando reconocemos mediante una red neuronal una figura, lo que hacemos es darle a la red una matriz o un vector de datos (usualmente binarios) como entrada para que esta active una única salida que nos sirva para identificar la entrada. Todas estas propiedades se unen en el llamado vector de características, que contiene una serie de campos, donde la salida de la red neuronal encargada de reconocer la forma sirve para rellenar uno de los campos de este vector, y los demás campos con los valores de las demás propiedades.

La figura 4.19 ilustra cómo funcionaría este sistema; vemos como la salida de una red sirve para llenar el primer campo del vector con el dato de que es un árbol, los demás campos se llenaran, igualmente con salidas, ya sean de redes neuronales que nos sirvan para retener la propiedad en cuestión, o con la salida de alguna 'caja negra' que nos la proporcione. Este vector es el que se usará para poder identificar los elementos. Puede pensarse que con la inclusión de otras propiedades hiciese innecesaria la del campo que nos da la forma de árbol, pero no lo es, ya que si nosotros queremos en el futuro es poder usar este vector para reconocer otros elementos del reino vegetal, además de árboles, es necesaria su ampliación para poder llevar a cabo esta tarea, que consistiría en añadir nuevos campos con las propiedades de estas nuevas plantas. Pero)que pasaría cuando una planta no tuviese que llenar un campo por no poseer esa característica?. Entonces se podría optar por definir un valor nulo para indicar que esa propiedad no la posee. Por ejemplo si se adaptase el vector de árbol para todas las plantas nos encontraríamos con casos como el del cactus, que al no poseer normalmente hojas, dejaría vacíos todos los campos que tuviesen relación con éstas.

4.4.1-Implementación.

En esta fase la red neuronal encargada del reconocimiento final es del tipo ART2 reformado de igual manera que el usado para el tratamiento de los histogramas, cuya entrada es un vector de seis campos. El primero contiene la categoría en la que se ha incluido la forma (salida del ART1), el segundo la respuesta elegida para el histograma (salida del ART2), mientras que los otros cuatro son los pertenecientes a otras características hallados para el objeto. Los primeros dos valores de estos cuatro, CAR-1 y CAR-2, indican la distribución de color de la imagen, uno vertical y el otro horizontalmente, es decir, de los cambios bruscos de tonalidades, mientras que los otros dos restantes sirven de indicador de la existencia y disposición de los bordes internos del objeto.

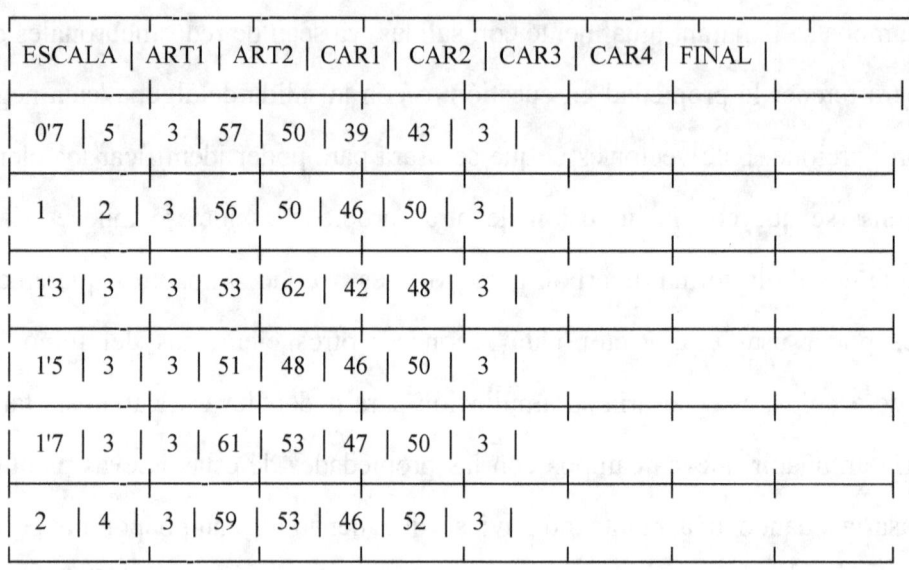

ESCALA	ART1	ART2	CAR1	CAR2	CAR3	CAR4	FINAL
0'7	5	3	57	50	39	43	3
1	2	3	56	50	46	50	3
1'3	3	3	53	62	42	48	3
1'5	3	3	51	48	46	50	3
1'7	3	3	61	53	47	50	3
2	4	3	59	53	46	52	3

Tabla 4.1 - Datos de entrada al reconocedor de objetos, ART1 es la salida del reconocedor de formas, ART2 la salida del histograma, el campo "final" indica la categoría en la que se incluyó.

La obtención del primer par de valores es muy simple se inicializa un contador a cero y se rastrea la porción de la imagen donde está el objeto, partiendo de la esquina superior izquierda, primero hacia abajo hasta concluir esa línea y luego se repite el procedimiento con las siguientes. Para cada punto se comprueba si los tres puntos siguientes no tienen el mismo color; si es así se incrementa el contador. Una vez terminado el rastreo vertical se realiza uno horizontal que parte de la misma posición.

Para calcular el segundo par de valores se procede de igual forma, pero esta vez sobre la imagen que sólo contiene los bordes hallados.

Estos cuatro valores nos sirven para poder diferenciar objetos similares en forma y en color, y para solventar los posibles errores de asociación de formas e histogramas que se puedan producir en el ART1 y el ART2.

La tabla 4.1 contiene los valores hallados para el objeto 4 de la figura 4.20, la primera columna indica la escala a la que se presentó el objeto, la segunda la categoría de respuesta del ART1, la tercera la respuesta del ART2 ante su histograma, y las siguientes los cuatro valores de las características en el mismo orden que se han explicado.

OBJETO	ESCALA	ART1	ART2	CAR1	CAR2	CAR3	CAR4	FINAL
1	1	0	0	169	111	46	40	0
2	1	2	2	174	93	35	39	2
3	1	1	1	165	78	42	42	1
4	1	2	3	56	50	46	50	3
5	1	5	4	278	80	44	49	4
5	1'7	6	4	219	68	44	52	4
6	1	11	4	52	157	30	19	9
6	1'5	13	4	42	148	31	20	9

Tabla 4.2- Datos obtenidos para los objetos mostrados en la figura 4.20, final indica la categoría dada por el reconocedor de objetos (ART2).

OBJETO	ESCALA	ART1	ART2	CAR1	CAR2	CAR3	CAR4	FINAL
1	1	0.00	0.00	30.17	19.82	26.74	23.25	0
2	1	0.90	9.01	29.35	15.68	21.30	23.74	2
3	1	0.47	0.47	32.18	15.21	23.69	23.69	1
4	1	0.86	12.93	22.77	20.33	20.65	22.44	3
5	1	2.04	16.32	31.69	9.12	19.31	21.50	4
5	1'7	2.43	16.26	31.01	9.63	18.63	22.01	4
6	1	4.38	15.93	9.91	29.92	24.39	15.44	9
6	1'5	5.13	15.81	8.73	30.78	24.02	15.50	9

Tabla 4.3- Datos obtenidos para los objetos mostrados en la figura 4.20,

final indica la categoría dada por el reconocedor de objetos (ART2).

Estos valores no son las entradas reales al reconocedor, ya que estos al calcularse sobre la imagen de entrada, se ven afectados por la escala del objeto, por lo que se realiza un tratamiento previo que hace que sean independientes de ésta. Este proceso consiste en que para cada par de características, CAR1-CAR2 y CAR3-CAR4, se busca el tanto por ciento respectivo, y luego se pondera todo el vector de características de entrada al ART2 final, hallando asimismo el tanto por ciento, de esta forma los valores estarán dentro de un margen predeterminado al forzar a que el sumatorio de todos los campos sea 100.

Ilustr. 4.20- Algunos de los objetos usados para las pruebas.

La tabla 4.2 muestra los valores hallados para los objetos de la figura 4.20, y en la tabla 4.3 están estos datos tal y como los recibe el ART2 del reconocedor de formas.

4.4.2-Modificación aplicable al ART2.

En la tabla 4.1, se puede observar que un mismo objeto presentado a distintas escalas, la respuesta del ART1 no es la misma, creando, en este ejemplo, 4 categorías para la misma forma (categorías 2-3-4-5), esto implica que en el vector de características de entrada al ART2 final, el campo que rellena el ART1, para esta figura, será poco práctico.

En general en el mundo real las asociaciones que se establecen para determinar cuando dos objetos son iguales suelen ser amplias y no creamos varias categorías de nombres para objetos similares, así nos encontramos con que la palabra libro sirve para indicar un conjunto de muchas hojas de papel, vitela, etc., ordinariamente impresas, que se han cosido o encuadernado juntas con cubierta de papel, cartón, etc., (definición dada por el diccionario de la lengua española, Real Academia Española 210 edición), siendo por tanto algunas características como la forma, el color, el tacto, etc., secundarias, encontrado libros cuadrados, rectangulares, de formato apaisado, redondos, etc., si nuestra misión consiste en crear un sistema capaz de reconocer libros, los capos dados por la forma y el color no nos servirían para nada y no se incluirían, pero al crear un sistema que trabaje en un entorno más amplio, debemos de incluir todos los campos posibles. La solución posible es poder crear un sistema que sea capaz de discernir cuales de sus entradas son útiles y cuales no, para, tras un periodo de aprendizaje, eliminar estas últimas, pero solo para aquellos tipos de objetos que no las usen, y manteniéndolas para el resto, esta supresión selectiva de los campos de entrada se puede realizar con la inserción de otra subcapa, un nuevo elemento mostrada en la figura 4.21, en el ART2 final que nos sirva para ponderar cada uno de los campos del vector de propiedades, este vector, llamado I, tiene el mismo numero de elementos que la capa F1, donde cada componente cumplirá

$$I_{ij} \in [0,1]$$

donde i indica el elemento del vector y pos su parte j la categoría de respuesta del ART2, existirá un vector por cada categoría que se crea en la red, cuando esto ocurre (al crearse una nueva categoría) a la nueva categoría se le asocia un vector I del cual cada componente se inicializa a 1, su valor máximo, para posteriormente cuando esta categoría sea la elegida como respuesta actualizar el vector I siguiendo la ecuación 4.14.

$$I_{ij} = I_{ij} + \varpi \qquad [ECU-4.14]$$

$$x_i = \frac{|g_i - c_i|}{\sum\limits_{i=0}^{n} |g_i - c_i|} \qquad [ECU-4.15]$$

Para hallar π primero hemos de hallar los valores de adaptación ζ y ψ, se hallan todos los valores x_i mediante la ecuación 4.15, una vez obtenido este valor, cada elemento de este vector X se divide por el sumatorio total (ecuación 4.16) teniendo así cada valor existencia dentro del entorno [0,1], cuando hemos hallado todos estos datos procedemos a calcular los valores de adaptación mediante las ecuaciones 4.17, 4.18 y 4.19.

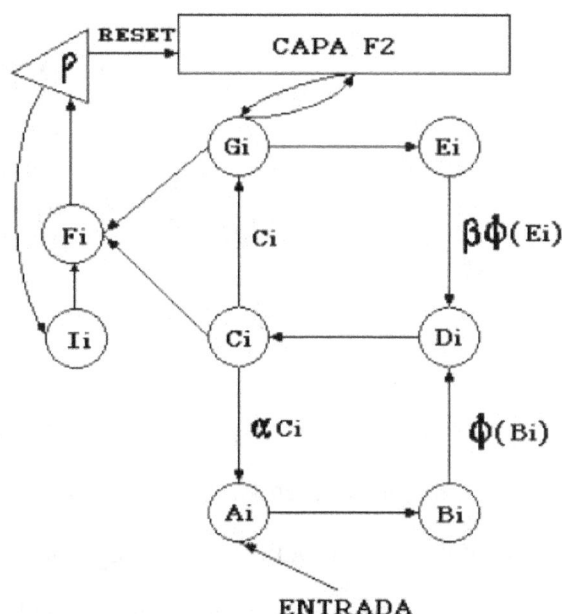

Ilustr. 4.21 - Estructura del ART2 ponderado

Ahora que ya tenemos los valores de adaptación, estos serán los que usados con la ecuación 4.16 nos indican si un campo a servido de manera positiva para el reconocimiento o si por el contrario su valor ha sido discordante, y por lo tanto inútil, actualizándose los elementos del vector I de acuerdo con los resultados.

$$x_i = \frac{x_i}{\sum\limits_{j=0}^{n} x_j} \quad \left(\begin{array}{ll} si \ x_i \in [\zeta, \psi] & \varpi = +0{,}1 \\ otros \ casos & \varpi = -0{,}1 \end{array} \right) \qquad [ECU-4.16]$$

$$m1 = \min(\,|g_0 - c_0|\,,\,|g_1 - c_1|\,,\,...,\,|g_n - c_n|\,)$$
$$m2 = \max(\,|g_0 - c_0|\,,\,|g_1 - c_1|\,,\,...,\,|g_n - c_n|\,) \qquad [ECU-4.17]$$

$$LIMITE = \frac{(\sum\limits_{i=0}^{n} |g_i - c_i|) - (m1 + m2)}{i - 2} \qquad [ECU-4.18]$$

$$\psi = LIMITE - \frac{LIMITE}{2}$$

$$\zeta = LIMITE + \frac{LIMITE}{2} \qquad [ECU-4.19]$$

En el momento que una componente I_{ij} sea menor de 0,5, ese campo se inhabilita y se deja de usar en el ART2, si un campo esta inhabilitado y su categoría ha sido elegida, se comprueba si ese campo hubiese servido a la correcta identificación, si es resultado es positivo se incrementa su valor en 0,1 y en caso contrario se reduce en 0,1. Se procede de esta para permitir que campos inhabilitados puedan recuperarse y así ser invariante al orden de los patrones de entrada, si nos encontramos con que en un objeto, una característica suya puede tener dos valores muy distintos, con unas probabilidades del 5% y 95%, si en las primeras 50 presentaciones los valores de esa característica se reparten al 50%, se inhabilitaría el campo aunque las siguientes ya tuvieran la proporción correcta del 5% y 95%, y un campo que seria útil quedaría inutilizado.

Sobre este ART2 modificado se ha realizado pruebas para comprobar su funcionamiento, se escogieron cuatro conjuntos distintos de 1000 vectores de 10 campos, los cuales se llenaron con valores aleatorios, sirviendo como entrada a dos ART2, uno normal y el otro modificado. El factor de vigilancia (rho) era en ambos de 0,7 obteniéndose estos resultados.

El ART2 normal generaba como media 47,25 categorías, y el ART2 modificado 43,75, si bien este ultimo no quedaba en un estado estable, ya que si se realizaban nuevas pasadas el numero de categorías continuaba oscilando, generando algunas nuevas y reordenando las antiguas, pero quedando el numero final de categorías casi estable.

Antes de pasar a analizar en profundidad estos resultados, conviene resaltar el entorno en el cual esta modificación tendría su aplicación, el reconocimiento de objetos, donde la entrada que recibe la red es un vector de características, en el que los valores de los campos normalmente oscilan en un rango limitado de valores, con excepción de algunos que tengan un amplio rango, si pensamos en el vector que se muestra en la figura 4.19 (véase también la figura 4.18), en principio se puede observar que el rango de valores de casi todos los campos es muy pequeño, pero el campo llamado hábitat puede tener un amplio rango debido a la diversidad de climas y entornos en los que puede aparecer, de forma que este campo pudiera ignorarse en la tarea de reconocer árboles, pero mantenerse activo a la hora de tratar con otras especies vegetales.La filosofía que contiene esta modificación, es la de permitir obtener un vector de características con los suficientes campos para poder trabajar con cualquier objeto que se presente a la entrada, y conseguir que la red sea capaz de discernir cuales son los campos útiles para cada objeto en concreto, durante su período de aprendizaj

Capítulo 5.

Aplicación.

5.1-Introducción.

Cuando se penso en el diseño que debería tener la aplicación se decidio que esta fuera, de tal forma que cualquier actualización o cambio en alguna de las fases que lo componene no tuviera repercusiones sobre el resto, con la única obligación de tomar las entradas y generar las salidas en los formatos predeterminados, la figura 5.1 muestra dentro de un ovalo los modulos indepentientes, en un rectangulo los ficheros con los que se trabaja y en la columna de la derecha los datos que componen cada ocurrencia dentro de estos.

La división del sistema se ha llevado a cabo de forma que cada módulo contuviera una función concreta y totalmente independiente del resto, así siguiendo la estructura de fases mostrada en la figuras 4.15 la distribución queda de la siguiente manera.

El primer módulo, llamado REC-FOR.EXE, es el encargado de tratar con la imagen de entrada, en formato PCX, hacer la segmentación, implementar la red neuronal ART1 (trabaja con las formas) y obtener el par de características CAR1-CAR2 (del objeto con solo los bordes), contiene la primera fase entera y la mitad de la tercera.

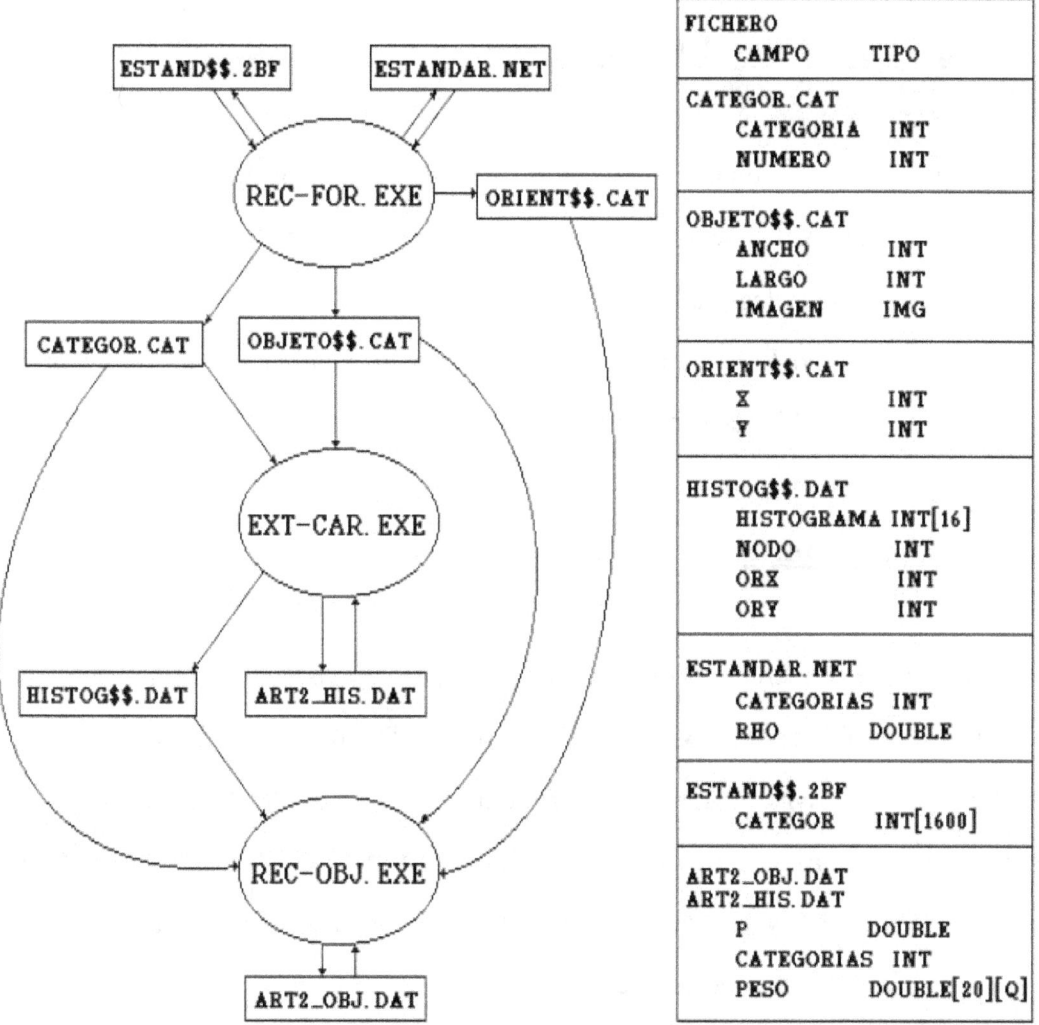

FICHERO		
CAMPO	TIPO	
CATEGOR. CAT		
CATEGORIA	INT	
NUMERO	INT	
OBJETO$$. CAT		
ANCHO	INT	
LARGO	INT	
IMAGEN	IMG	
ORIENT$$. CAT		
X	INT	
Y	INT	
HISTOG$$. DAT		
HISTOGRAMA	INT[16]	
NODO	INT	
ORX	INT	
ORY	INT	
ESTANDAR. NET		
CATEGORIAS	INT	
RHO	DOUBLE	
ESTAND$$. 2BF		
CATEGOR	INT[1600]	
ART2_OBJ. DAT		
ART2_HIS. DAT		
P	DOUBLE	
CATEGORIAS	INT	
PESO	DOUBLE[20][Q]	

Ilustr.5.1 -Ficheros usados por la aplicación. A la derecha se indican los campos que contienen, el carácter $ indica un numero que se asignara consecutivamente al fichero.

El segundo modulo, de nombre EXT-CAR.EXE, tratara con los histogramas, así como de extraer el par de características CAR3-CAR4 (de la imagen del objeto completa) y contendrá el primer ART2 (el que categoriza los histogramas), contiene la mitad restante de la fase tercera y la primera mitad de la fase dos, mientras el ultimo módulo, REC-OBJ.EXE, contiene el ART2 encargado del reconocimiento final, la parte final de la fase dos.

5.2-Necesidades del sistema.

Para poder funcionar la aplicación necesita que exista ratón, ya que sin él es imposible su funcionamiento, en materia de tarjeta de video lo mínimo es VGA, ya que los modos gráficos usados (320x200 256 colores y 640x480 16 colores) no los soportan tarjetas inferior como EGA, MCGA, etc, en cuanto a la memoria, no existe ninguna imposición especial al bastarle con los 640K convencionales del MS-DOS.

5.3-Estructura.

Debido a su estructura modular, es necesaria la existencia de un gestor que se encargue de establecer el orden de ejecución de los módulos, dicho programa es SISTEMA.COM, cuyas misiones son, primeramente, comprobar la presencia de todos los ficheros necesarios para el funcionamiento correcto de cada módulo (ficheros gráficos, ejecutables), y que se encuentren ubicados en los subdirectorios apropiados (prevía comprobación de que estos existan).

También tiene como tarea el verificar que el ordenador cumpla con los requisitos hardware necesarios (que exista ratón y al menos VGA), debido a que sus necesidades de espacio en disco duro no son muy grandes (no llegan a los 200K), no se hace ninguna comprobación al respecto.

Cuando detecta algún error, comprueba si este afecta a la ejecutabilidad del sistema y muestra el mensaje correspondiente en pantalla.

Si por ejemplo encuentra que no existe el fichero que contiene el gráfico del icono de REC-FOR.EXE, mostrara en pantalla el mensaje.

GRAFICOS/REC-FOR.RAT no hallado

faltan archivos vitales

el sistema no puede funcionar

En cambio si por accidente se ha borrado algún ejecutable, como EXT-CAR.EXE el mensaje será.

EXT-CAR.exe no hallado

el sistema puede funcionar

pulse tecla para continuar

El poder ejecutar la aplicación viene dada por la importancia que tenga la ausencia de algún elementos, esta depende de si afecta al funcionamiento de SISTEMA.COM, todos todos los archivos que necesita este (graficos, ejecutables) son imprescindibles.

Mientras que la inexistencia de cualquier otro archivo, ya sea de graficos, e incluso de algún ejecutable, solo impedirá el funcionamiento del módulo afectado, aunque si el fichero que falta es grafico, y su labor es solo decorativa, no creara ningún problema para la ejecución.

Como aparece en el ejemplo anterior, los "*.exe" no son esenciales (los módulos), así se permite trabajar con los ejecutables que existan (si se esta retocando algún módulo, su inexistencia no impide seguir trabajando los restantes, probandolos, creando bases de datos, etc).

Otros fallos que impiden la ejecución son la ausencia de los subdirectorios de trabajo (PCX, REDES, GRAFICOS), o las ya mencionadas del ratón o de VGA.

5.4-Gestor.(SISTEMA.COM)

En este los demás módulos aparecen como recuadros que identifican claramente los programas (REC-FOR.EXE, EXT-CAR.EXE, REC-OBJ.EXE, RED-ART1.EXE), en la figura 5.2 muestra la pantalla del gestor, en ella aparecen los recuadros que representan a los módulos que podemos ejecutar, y sobre ellos se encuentra un rectángulo que contiene las palabras *SALIR* y *EJECUTAR*.

Moviendo el cursor sobre un recuadro y pulsando el botón derecho del ratón se selecciona este, cambiando la figura del cursor que ahora representa el objeto seleccionado, llevándolo sobre la palabra *EJECUTAR* y pulsando el botón izquierdo del ratón entramos en ese programa. Si nos hemos equivocado en la selección, llevamos el ratón a alguna posición donde no haya nada y pulsamos el botón izquierdo.

Para salir pulsamos sobre la palabra salir y abandonamos la aplicación volviendo al MS-DOS, da lo mismo si habíamos seleccionado algún objeto o no, si pinchamos sobre salir saldremos del programa.

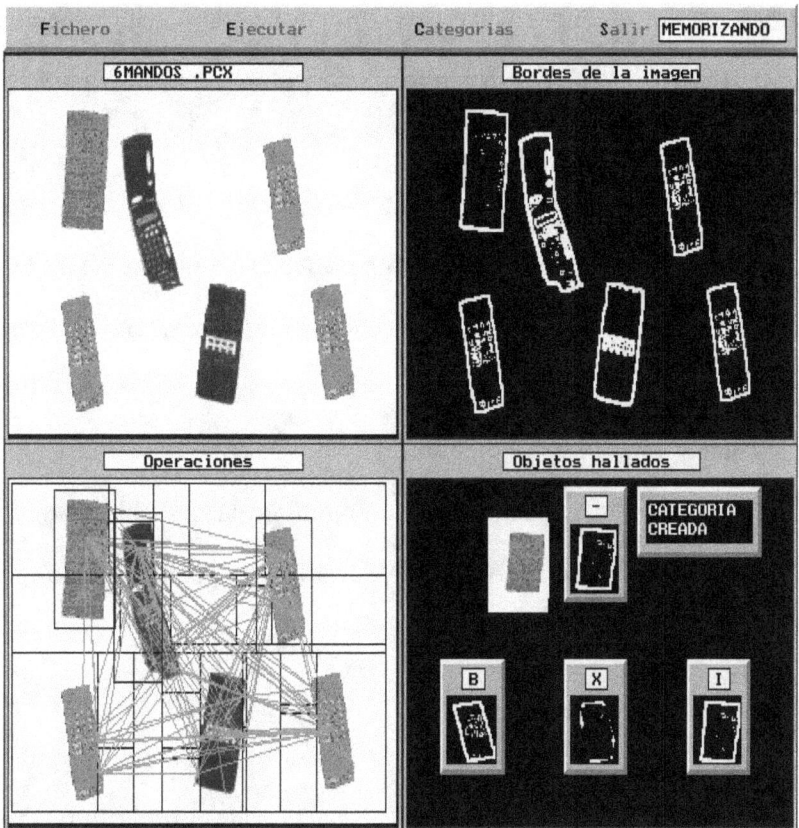

Ilustr.5.3 - Pantalla del reconocedor de formas.

5.5-Reconocedor de formas.(REC-FOR.EXE)

La Ilustración 5.3 muestra la pantalla de este programa en mitad de su funcionamiento, en ella se pueden observar cuatro recuadros y sobre ellos un rectangulo con comandos, este último, cuando se inicia el programa, es el único que aparece, los comandos que contiene cumplen con las siguientes funciones.

llevando el ratón sobre *SALIR* se abandona el programa, pinchando en *FICHERO* aparecen en pantalla dos ventanas, la primera contiene los nombres de los archivos PCX disponibles, donde pulsando sobre el nombre de un fichero, su contenido se mostrara en la ventana adyacente. Dos pequeños recuadros en la ventana de los archivos, *CANCEL* y *BIEN*, sirven para cancelar y para aceptar respectivamente el fichero elegido.

Una vez que tenemos un fichero para tratar se pincha en *EJECUTAR* y se pone en marcha el proceso, en la pantalla se crean 4 zonas, en la izquierda, la superior contiene la
imagen a tratar y la inferior la misma imagen y sobre ella se mostraran las operaciones de segmentación y comprobación que se hagan, en la deracha la superior contendra los bordes hallados y la inferior mostrara la entrada y los contenidos de las capas de la red ART1.

Pulsando en *CATEGORIAS* nos muestra las categorias que la red neuronal ART1 ha creado hasta ese momento en respuesta a las entradas que haya tenido.

Este módulo crea como ficheros de uso interno el ESTANDAR.NET, donde se guardan las caracteristicas del ART1, el valor de vigilancia (rho) y el numero de categorias creadas, y un fichero ESTAND$$.2BF ($$ se suple por un valor numerico que se asigna de manera correlativa según se crean las categorias) por cada categoria creada que contiene una matriz de 1600 valores binarios que representan la forma de la figura que representa una categoria.

Tambien se encarga de generar los siguientes ficheros de salida: ORIENT$$.CAT ($$ sigue el esquema del fichero anteriormente citado) contiene los valores hallados para CAR-1 y CAR-2, OBJETO$$.CAT contiene primero dos valores que representan el ancho y el largo del objeto y despues la porcion de la imagen que lo contiene en el formato que se obtiene con la función *getimage()* del TurboC, y
finalmente CATEGOR.CAT que contiene dos datos por objeto en tratamiento, el

primero indica la categoria del ART1 que se le asignó y el segundo el numero de dos digitos que identifica todos los ficheros que le pertenecen, cuando uno de los siguiente modulos tiene que tratar con una entrada, primero lee este fichero y obtiene el numero que le permitira saber cual de los ficheros OBJETO$$.CAT, ORIENT$$.CAT, HISTOG$$.CAT es el que le pertenece.

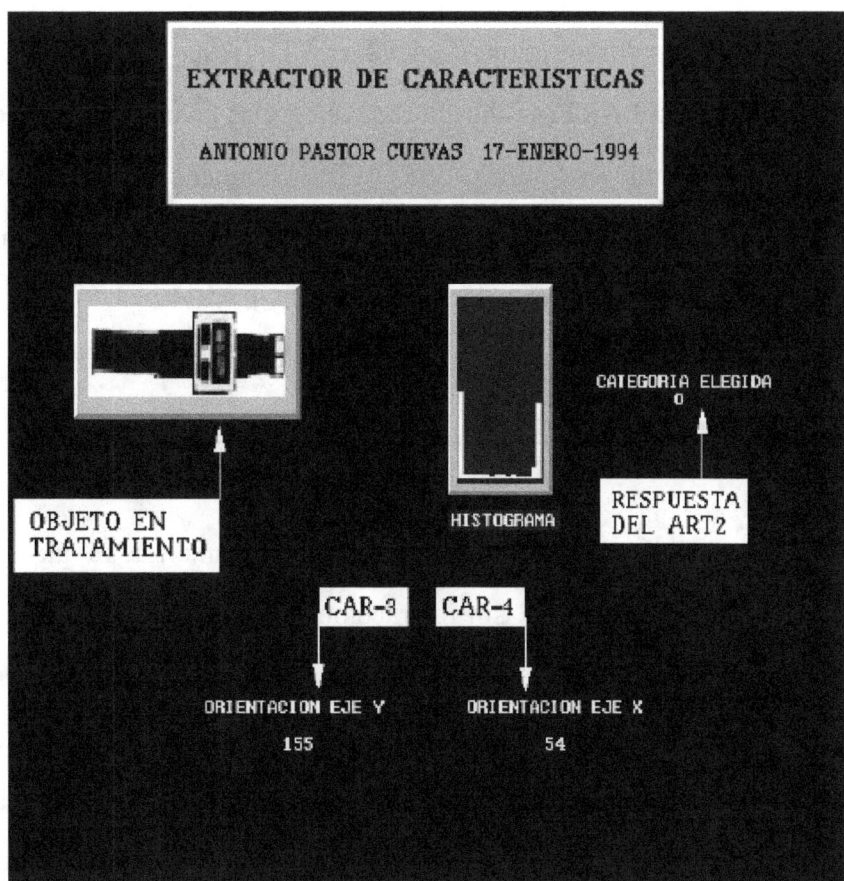

Ilustr.5.4 - Pantalla del extractor de características.

5.6-Extractor de caracteristicas.(EXT-CAR.EXE)

Este módulo no nos permite entrar en un menu donde hacer nuestra selección, ya que es secuencial, toma las entradas que existan (a partir de las generadas por REC-FOR.EXE), realiza el tratamiento y termina , en pantalla se muestran, el objeto tratado, el histograma de color (en este caso tonos de grises), los valores de CAR3 y CAR-4 hallados y la categoria de respuesta del ART2 (vease figura 5.4). En el caso de que al ejecutarse no existiera ningun objeto para ser tratado (por ejemplo si se ejecuta sin haberlo hecho antes REC-FOR.EXE) no hara nada volviendo a la pantalla del gestor.

Como ficheros de entrada usa CATEGOR.CAT, y OBJETO$$.CAT, y a partir de estos genera otros dos, el primero ART2_HIS.DAT que contiene los valores propios de funcionamiento del ART2 (valor de rho, categorias creadas y los valores que tienen los pesos), y el segundo es HISTOG$$.CATque contiene 4 valores, un vector de 16 valores con que es el histograma hallado, otro que es la categoria de respuesta del ART2 ante el histograma (nodo), y los valores de CAR-3 y CAR-4.

5.7-Reconocedor de objetos.(REC-OBJ.EXE)

El funcionamiento de este módulo es similar al anterior, ya que coge las entradas y procesa de forma secuencial, sin interacciòn por parte del usuario. La pantalla esta partida horizontalmente, en la parte inferior aparece el objeto de entrada con las caracteristicas de entrada (no aparece ni la imagen con las formas ni la respuesta del ART1), y el superior el objeto con el que se identifica, asi como la categoria que le correponde en este segundo ART2 y el nombre con el que se le asocia. Cuando un objeto aparece por primera vez se pide que se escriba un nombre que sera el que posteriormente se mostrara en pantalla.

5.8-Caracteristicas tecnicas. Consistencia del sistema de ficheros.

La figura 5.1 muestra todos los ficheros que son usado por algún módulo, al existir tantos la primera pregunta que se plantea es acerca de la consistencia del sistema si se pierden alguno de estos. Indudablemente la perdida, aunque sea solo de uno, afecta al sistema, pero segun que archivo sera mas o menos importante.

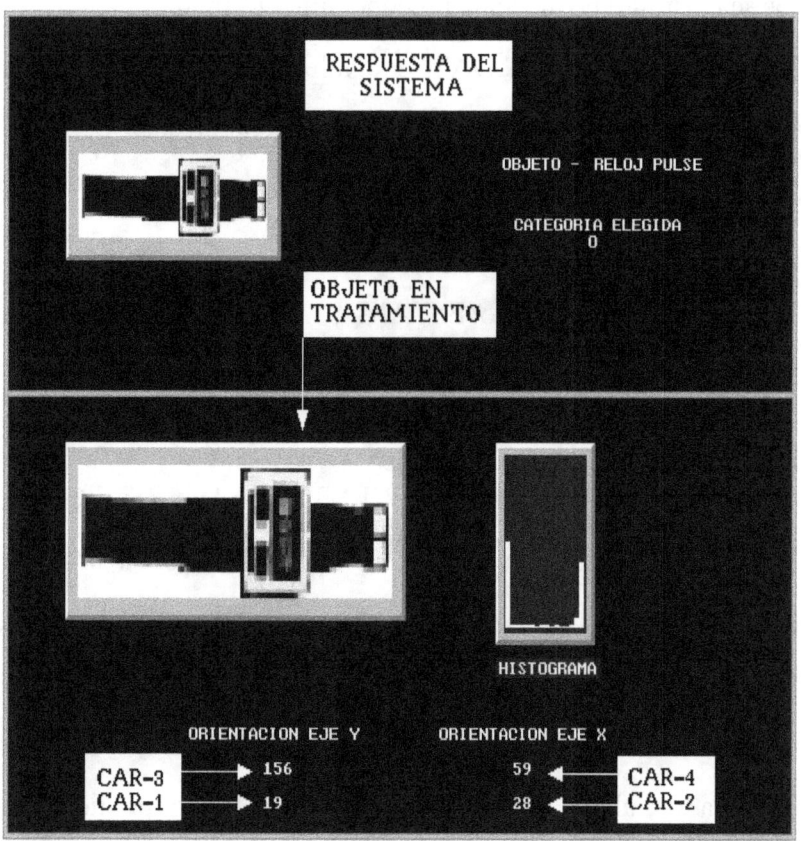

Ilustr.5.5 - Pantalla del reconocedor de objetos.

Los ficheros ESTANDAR.NET, ART2_HIS.DAT, y ART2_OBJ.DAT, provocan la perdida de toda la informacion de las redes neuronales, si se pierden los tres a la vez, es equivalente a reiniciar el sistema, y si solo se pierde uno dependiendo de cual es ocurriran estos casos.

Perdida de ESTANDAR.NET o ART2_HIS.DAT. Uno de los principios del sistema es evitar que uno solo de los datos de entrada al ART2 final sea lo suficientemente fuerte como para que distorsiones el resultado final, de esta manera aunque los valores de las categorias de respuesta sean distintos (al perdese los datos de alguna de estas redes -ART1 o ART2- lo mas normal es que la asignación de las categorias sea distinta) no afectan al reconocimiento final.

Perdida de ART2_OBJ.DAT, equivale a una inicialización, todos los patrones anteriormente introducidos se han perdido, pero con ejecutar de nuevo REC-OBJ.EXE (siempre que no se haya inicializado el sistema) se recuperara sin ningun fallo.

Perdida de algun fichero ESTAND$$.2BF. La categoria que representaba ese fichero se pierde y esta queda no disponible.

Perdida de algun fichero ORIENT$$.CAT, HISTOG$$.DAT. Implica la alteración en los datos de esa entrada y por lo tanto su erroneo reconocimiento, normalmente el sistema deberia de poder establecer una correcta identificación pero existe un 35,6% de probabilidades de error.

Perdida de algun fichero OBJETO$$.CAT. La perdida de este produce la inhabilitación de esa entrada, ya que al ser un fichero del cual se obtienen datos que sirven para crear otros ficheros, la correcta identificaión es imposible.

Perdida del fichero CATEGOR.CAT. Esta perdida, al ser usado un fichero usado por los dos ultimos módulos, deja el sistema igual que si no existiera ninguna entrada, ya que el contienen una entrada (par de valores definifidos en la figura 5.1) por cada objeto hallado por REC-FOR.EXE.

En cuanto a consistencia del sistema, si el ordenador se bloquea o se apaga mientras esta trabajando, no sucedera nada, ya que solo escribe en el disco cuando termina una operación, solo se perdera un archivo si este fallo sucede en el preciso momento en el que esta escribiendo sobre el, pero al ser pocos los datos que contiene cada archivo, la probabilidad de que esto suceda es muy baja.

La perdida de cualquier fichero excepto de los generados por REC-FOR.EXE no es significativa, ya que bastara con ejecutar los módulos que los generan (en el orden apropiado, si se han perdido archivos generados por los dos últimos módulos) para reconstruir el sistema de ficheros.

5.9-Ejemplo de la red neuronal ART1.(RED-ART1.EXE)

Este módulo se ha incluido como demostración del funcionamiento de la red neuronal ART1. Su pantalla de presentación contiene 4 cuadriculas, en la primera, es para la entrada de datos, pulsando el boton derecho del raton se dibuja, y con el izquierdo se borra, las otras tres representan los contenidos de las capas X, B y F2 del ART1, cuando se ha dibujado el patron de entrada se pulsa a ejecutar y se realiza el proceso de memorización, pulsando sobre categorias se muestran las que la red ha creado hatas ese momento, pulsando en salir se abandona el programa, si se pulsa sobre las palabras *RED NEURONAL ART1* se puede nombrar la red y poner un valor de vigilancia *rho*, si esto no se hiciera, la red por defecto usara el valor de 0,8 y el nombre de la red seria ART1_EST.RED, y pulsando sobre el rectangulo inferior, el que contiene el nombre del autor y la fecha de programación, se redibuja la pantalla limpiando las cuadriculas.

Apéndice.

Diagramas de flujo de datos.

DIAGRAMA DE FLUJO DE DATOS		
AUTOR: ANTONIO PASTOR CUEVAS		
FECHA: 6-10-94	NIVEL: 0	FISICO

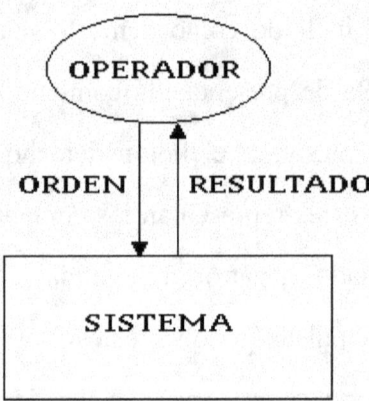

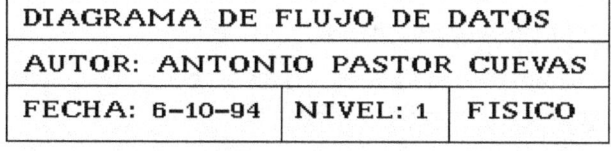

DIAGRAMA DE FLUJO DE DATOS		
AUTOR: ANTONIO PASTOR CUEVAS		
FECHA: 6-10-94	NIVEL: 1	FISICO

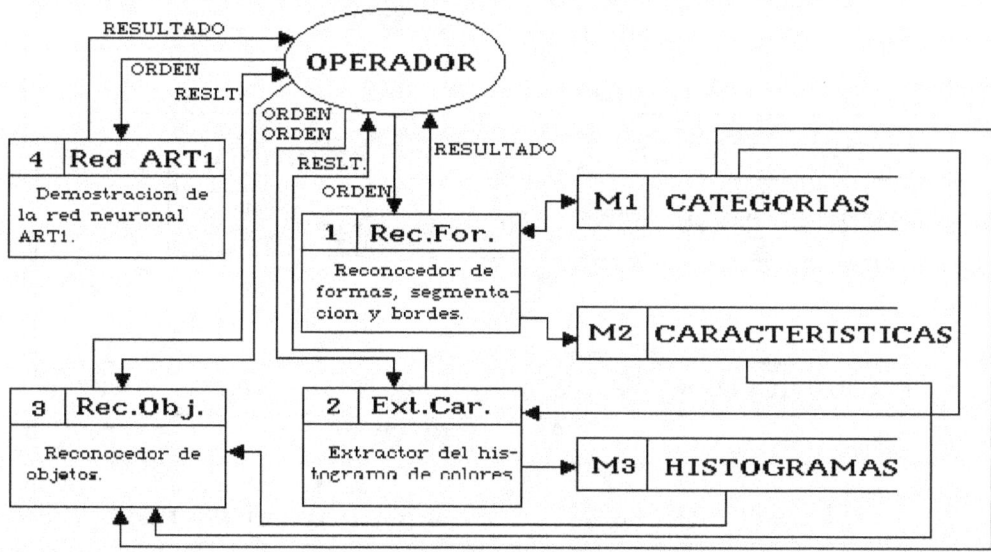

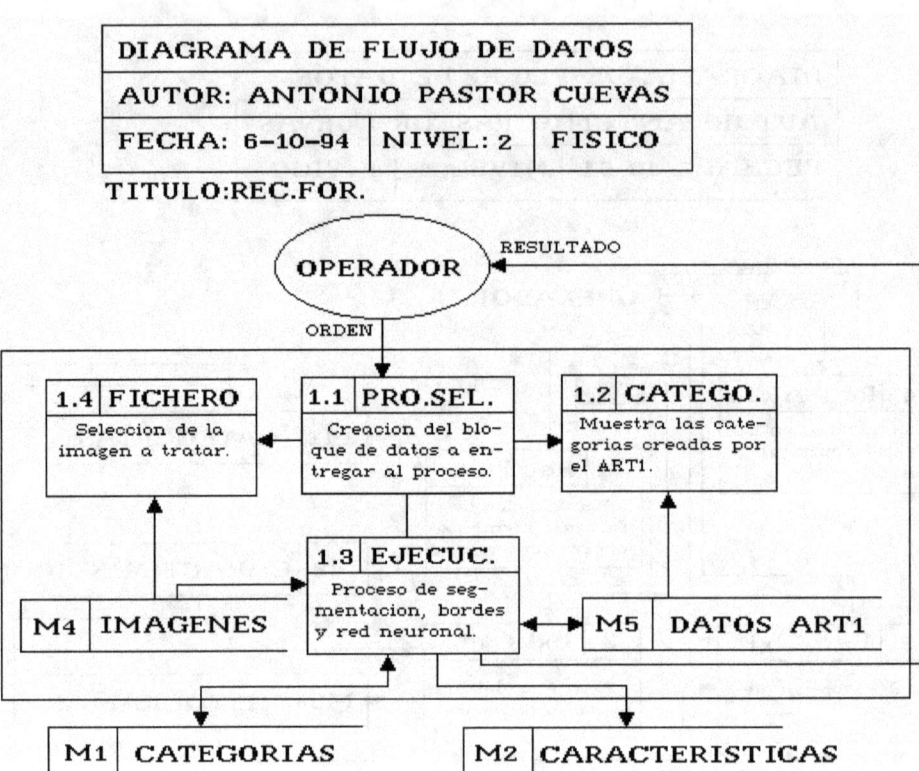

DIAGRAMA DE FLUJO DE DATOS		
AUTOR: ANTONIO PASTOR CUEVAS		
FECHA: 6–10–94	NIVEL: 2	FISICO

TITULO:REC.FOR.

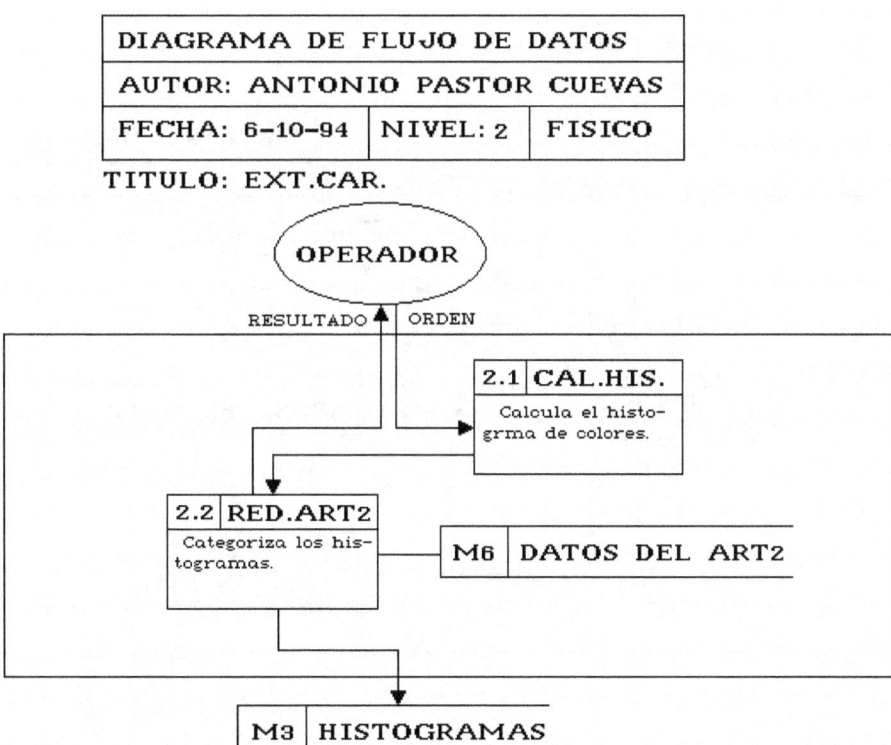

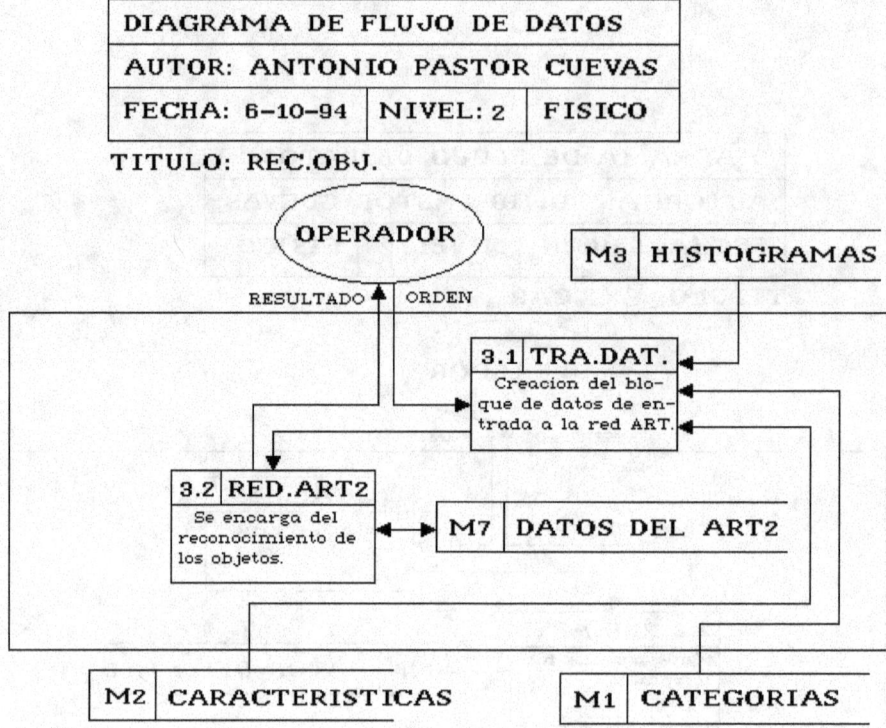

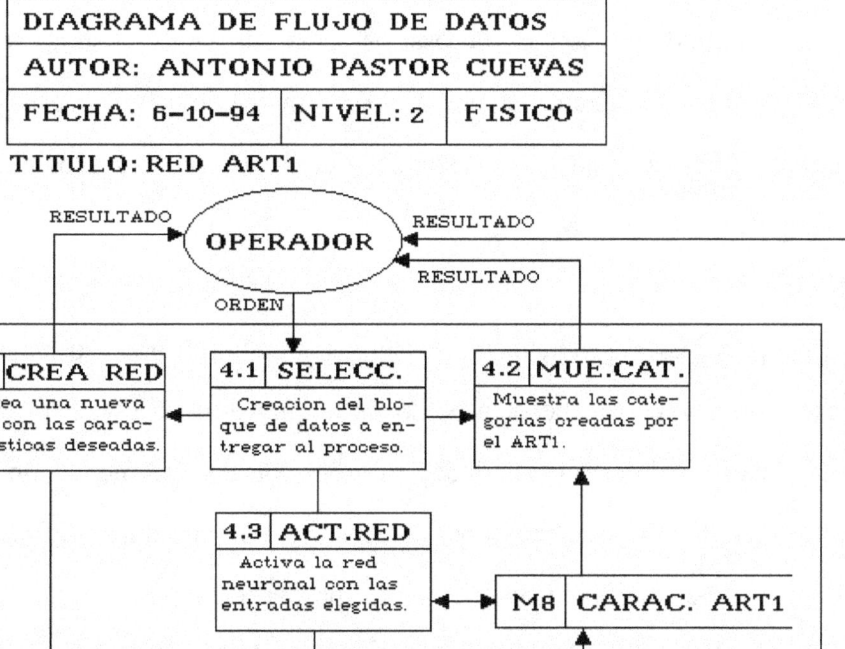

Conclusiones.

- Conclusiones y posibles ampliaciones.

La amplitud de temas necesarios para la comprensión del tratamiento computacional de las imágenes, eje central del estudio de este proyecto, hace que a la hora de sacar las conclusiones, estas se deban de dividir en apartados en función de su parcela de trabajo.

Los principales problemas que surgieron con el proceso de segmentación, autentica primera fase ya que el proceso de adquisición no es parte de este tratado, surgieron, una vez desarrollado el algoritmo propio de segmentación, cuando a la entrada se encontraban imágenes con "huecos" en su estructura, definiendo como un "hueco" una zona que dentro del objeto poseía el mismo color que el fondo, afortunadamente este fallo fue subsanado, pero otro fallo que se ha encontrado ha sido que si se presentan dos objetos a la entrada, inmersos dentro de imágenes con otros objetos, no siempre es igual en tamaño la porción de la imagen que se extrae conteniendo a ese objeto. Este fallo si es importante, ya que en el ART1, la comprobación que hace para saber si la respuesta de la red es positiva, es superponer la entrada y la respuesta y comprobar el numero de puntos que coinciden, en relación al numero de puntos existentes, véanse los apartados 3.2 y 4.2.3, aunque se resuelva en el ART2 final este fallo seria conveniente una modificación del módulo que segmenta, y ya ampliarlo para que pudiera trabajar con entradas reales (fotografías de varios objetos sobre fondos sin definir).

El determinar cuales son las características que definen la naturaleza de un objeto son difíciles de elegir, si nos movemos en un entorno estable, completamente conocido, si podemos afirmar cuales nos son útiles, el problema surge cuando intentamos ampliar el conjunto de elementos sobre el cual trabajamos, en este proyecto las características usadas son de dos tipos, las que se basan en la forma del objeto, y las que se obtienen de su color, claramente insuficientes para poder tratar con un entorno casi aleatorio como es el mundo real, en el que para trabajar, tendríamos que crear un vector de características mayor que el actual, en el sus campos se obtuvieran tras un amplio estudio de la naturaleza de las cosas, al respecto conviene recordar que Stephen Grossberg [WESC91] creo un vector con 22 características y solo podía reconocer setas, níscalos y champiñones.

Conviene citar el gran problema que surge con el brillo y el contraste, según sean estos dos imágenes nos pueden parecer distintas, para el ordenador es un gran problema ya que requiere un preprocesado de las entradas para adapatarlas a unos parámetros estandar y no tener problemas. Esta solución es aceptable cuando las diferencias afectan a toda la imagen por igual,) pero que hacer cuando afectan a solo una porción de la imagen?. Considérese este ejemplo, un lapicero sobre el que, en su parte central, incide un rayo de sol, puede parecer algo trivial, pero para el tratamiento computacional es una gran dificultad.

En cuanto al bloque de las redes neuronales la principal conclusión es el reconocimiento de la gran labor de Stephen Grossberg en el desarrollo continua de sus tipos de redes, resaltar que las aquí usadas son de las más potentes, si bien como se explico el neocognitron sea mejor para el reconocimiento de formas, y si se quisiera implementar un sistema de reconocimiento en un entorno real, el ART1 debería descartarse y buscarse un mejor sustituto.

Los resultados obtenidos superan los esperados, si bien es cierto que la entrada es sobre un fondo predeterminado, facilitando grandemente la labor de segmentación, la complejidad que tiene la realización de todo el sistema hizo que al principio el índice de éxito esperado fuera de un 75%, excluyendo las imágenes que fueran problemáticas (las que tienen huecos, aristas pronunciadas, etc..). Tras varios retoques se pudo conseguir que todo tipo de objeto pueda ser tratado sin problemas y con un alto índice de éxito.

Bibliografia

[ARCE92] - Varios autores. "Visual form, analysis and recognition".

Editores Carlo Arcelli Luigi P. Cordella y Gabriella Sanniti di Baja.

Eitorial.-Plenum press.

[BLUM67] - Blum H. "A transformation for extracting new descriptors of shape"

Models for the perception of speech and visual form.

Wathen-Dunn MIT press. Cambridge mass.

[CHOO92] - Choo Chang Y.,Nasrabadi Nasser M.

"Hopfield network for stereo vision correspondence"

IEEE Transactions on neural networks.Vol-3, N11, Enero-1992.

[CUEN] - Cuena Jose."Sistemas basados en el conocimiento"

Novatica.Vol-18, N198.

[DAWS92] - Dawson Michael R.W. y Schopflocher Don P."Modifying the

generalized Delta rule to train networks of non-monotonic

processors for pattern classification"

Connection Science. Vol-4. N11. 1992.

[FAN89] - Fan Ting-jun, Medioni Gerard, Nevatia Ramakant.

"Recognizing 3-D objets using surface descriptions".

IEEE Transaction on pattern analysis and machine intelligence.

Vol.-11. N1.-11 Noviembre-1989

[FUKU75] - Fukushima Kuhuniko.

"Cognitron:A self-organizing multilayered neural network"

Biological cybernetics,20 pag.-121-136.

[FUKU88] - Fukushima Kuhuniko."A neural network for visual pattern recognition"

IEEE Computers 21, Marzo 1988, pag.65-75.

[FUKU89] - Fukushima Kuhuniko.

"Analysis of the process of visual pattern recognition by the neocognitron"

Neural networks. Vol-2 pag.413-420.

[FUKU92] - Fukushima Kuhuniko."Character recognition with neural networks"

Neurocomputing, 4 (1992), pag.221-233.

[GONZ92] - Gonzalez Rafael C. y Woods Richard E."Digital Image Processing".

Editorial.-Adison Wesley Publishing Company.

[GRIM90] - Grimson Eric."Object recognition by computer: Thel role of geometric .... constraints".

Editorial.- MIT Press.

[GROS76] -   Grossberg S."Adaptative pattern classification and universal recoding: ....   II. Feedback, oscillation, olfaction, and illusions".

Biological cybernetics,23 pags.-187-207.

[GROS87a] - Grossberg S."Competitive learning: From interactive activation to adaptative resonance".

Cognitive science-1987, 11 pags.-23-63.

[GROS87b] - Grossberg S., Carpenter G."ART 2: Self-organization of stable category recognition codes for analog input patterns."

Applied optics.Vol.-26 N1-23 Diciembre 1987 Pag.-4919-4930.

[GROS88a] -   Grossberg S., Carpenter G."The ART of adptative pattern recognition

by a self-organizing neural network".

Computer.Marzo-1988. Pag.77-88.

[GROS88b] - Varios autores."Neural networks and natural intelligence"

Editor S. Grossberg.MIT press.

[GROS90] -   Grossberg S., Carpenter G."ART 3: Hierarchical search using chemical

transmitters in self-organizing pattern recognition architectures."

Neural networks.Vol.-3 1990 Pag.-129-152.

[GROS92] -   Grossberg S., Carpenter G.,Bradski G."Working memory networks for

learning temporal order with application to three-dimensional visual objetc"

Neural computation.Numero-4.

[HERT91] -   Hertz John."Introduction to the theory of neural computation".
Editorial.-Addison-Wesley publishing company.

[HUSH92] -   Hush R. y Horne B."An overview of neural networks"Part I y Part II

Revista Informatica y automatica.Volumen 25.

[KHAN90] -   Khana Tarun."Foundations on neural networks".
Editorial.-Addison-Wesley publishing company.

[KOHO]   -   Kohonen Tehuvo."Self-organization and associative memory"
Tercera edición.Editorial.-Springer-Verlag.

[LIND91] -   Lindley Craig L."Practical image processing in C".
Editorial.-Jhon Wiley & Sons Inc.

[MARE90] -   Maren Alianna J."Handbook of neural computing applications"
Editorial.-Academic Press.

[MALS89] -   Von Der Malsburg C., Eckmiller Rofl. Editores."Neural computers"

Editorial.-Springer-Verlag.

[POLY92] -   Polycarpou Marios M., Ioannou Petros A."Learning and convergence

analysis of neural-type structured networks"

IEEE Transactions on neural networks.Vol-3, N11, Enero-1992.

[PRAT91] - Pratt William K."Digital Image Processing".

Segunda edición.Editorial.-Jhon Wiley & Sons Inc.

[RUME86a]- Rumelhart David E., McLelland James L. and the PDP research

group. "Parallel distributed procesing. Volume 1"

Editorial.-Mit Press.

[RUME86b]- Rumelhart David E., McLelland James L. and the PDP research

group. "Parallel distributed procesing. Volume 2"

Editorial.-Mit Press.

[SIMP90] - Simpson Patrick K."Artificial neural systems"

Editorial.-Pergamon Press.

[TAYL93] - Taylor J.G. "Methematical approaches to neural networks"

Editorial.- North-Holland.

[WESC91]   - Varios autores."Neural networks for perception" Volume I

Editor Harry Weschler.Editorial.-Academic Press.

[WHIT92] -   White Brian A. y Elmasry Mohamed I."The Digi-Neocognitron:

A digital Neocognitron neural network model for VLSI"

IEEE Transactions on neural networks.Vol-3.N11.Enero-92.

[WIDR88] -   Widrow Bernard, Winter Rodney."Neural nets for adptative

filtering

and adaptative pattern recognition"

Computer. Marzo-1988. Pag.25-39.

INDICE DE FIGURAS

- CAPITULO 4.IMPLEMENTACION

por cada elemento que exista en la imagen.

Ilustr. 4.4 - En esta imagen cada línea muestra una comprobación realizada entre dos puntos para ver si pertenecen al mismo objeto.

Ilustr. 4.5 - Resultado de la segmentación en una imagen mas compleja, obsérvese que para un objeto se obtiene mas de un punto.

Ilustr. 4.6 - Comprobación entre todos los puntos hallados en la segmentación.

Ilustr. 4.7 - Matriz formada por los vecinos a un punto central marcado con 4.

Ilustr. 4.8 - Imagen de 6 mandos de video.

Ilustr. 4.9 - Bordes de la imagen vista en 4.8.

Ilustr. 4.10 - Partiendo del punto del objeto, se va en las 8 direcciones siguiendo por el borde mientras sea posible.

Ilustr. 4.11 - Imagen real para buscar sus bordes.

Ilustr. 4.12 - Bordes hallados para la imagen de la ilustración 4.11.

Ilustr. 4.13 - En el eje Y esta el tanto por ciento de éxito en el reconocimiento de un objeto, en el eje x se muestra la escala a la que se presenta el objeto a la entrada.

Ilustr. 4.14 - Conjunto de entradas que se le presentan a la red, respuestas que da y categorías que crea.

Ilustr. 4.15 - Distintas fases a la hora de realizar la implementación.

Ilustr. 4.16 - Ejemplo del vector de entrada al ART2.

Ilustr. 4.17 - Posible estructura del ART2 con las subcapas I, N, L y M para el tratamiento de los valores del histograma.

Ilustr. 4.18 - Características de un árbol que se podrían usar para su reconocimiento.

Ilustr. 4.19 - Vector de propiedades para el reconocimiento de un árbol.

Ilustr. 4.20 - Algunos de los objetos usados para las pruebas.

Ilustr. 4.21 - Estructura del ART2 ponderado.

- CAPITULO 5.APLICACION

www.ingramcontent.com/pod-product-compliance
Lightning Source LLC
Chambersburg PA
CBHW081056170526
45166CB00006B/2079